【第2版】

杨剑　张艳旗◎编著

企业安全管理
实用读本

☆中国制造业企业安全培训首选用书☆

U0241596

中国纺织出版社

国家一级出版社
全国百佳图书出版单位

内 容 提 要

本书在第 1 版的基础之上细致讲解了安全管理的整个脉络框架以及在管理过程中需要注意的细节。全书共分为九章，包括企业安全管理的对象、任务、方法，安全管理理念，企业安全文化建设和安全教育培训，安全生产日常管理，电气作业安全管理，危险化学品安全管理，危险作业安全技术与安全管理，各种重大危险源辨识，安全生产应急管理，为企业安全管理提供了切实可行的管理方法。

图书在版编目（CIP）数据

企业安全管理实用读本 / 杨剑，张艳旗编著. —2版. —北京：中国纺织出版社，2018.10（2024.3重印）
ISBN 978-7-5180-5304-9

Ⅰ. ①企…　Ⅱ. ①杨…　②张…　Ⅲ. ①企业管理—安全管理—教材　Ⅳ. ①X931

中国版本图书馆CIP数据核字（2018）第184200号

策划编辑：刘　丹　　　　责任印制：储志伟

中国纺织出版社出版发行
地址：北京市朝阳区百子湾东里 A407 号楼　邮政编码：100124
销售电话：010—67004422　传真：010—87155801
http：//www.c-textilep.com
E-mail：faxing@c-textilep.com
中国纺织出版社天猫旗舰店
官方微博 http://weibo.com/2119887771
天津千鹤文化传播有限公司印刷　各地新华书店经销
2015 年 2 月第 1 版　2018 年 10 月第 2 版　2024 年 3 月第 11 次印刷
开本：710×1000　1/16　印张：16
字数：244 千字　定价：49.80 元

"安全决定效益，生命重于泰山。"安全生产是企业稳定发展的基石，是员工远离"伤痛"、幸福生活的保证。对企业来说，安全是利润、战略、资本、质量和成本不可替换的要素。安全是企业整个系统的系数，只有在安全值足够大的时候，其他要素才能体现出意义；而对于员工来说，安全是事业和家庭的保障，如果没有安全，其他要素无论多么重要，都将归于"0"。

如果没有安全，企业的效益、规模、发展都将受限，员工的福利、待遇、幸福感等都将无从谈起。"皮之不存，毛将焉附"这句古语很好地阐释了安全管理与企业其他管理方面的关系。所以说，安全对企业的重要性，无论怎么强调都不过分。

事故一旦发生，小则毁掉一个家庭的幸福，大则影响整个区域的生存。那些浸透血泪的事故，让人每回想一次就会多一分沉痛。但是我们身边的事实是：安全口号天天喊，生产事故常常见。为什么同样的悲剧每每重复发生？归根到底还是企业的安全意识跟不上，安全教育培训跟不上，安全保障措施跟不上，安全技术和安全管理跟不上。为此，我们编写了这本《企业安全管理实用读本》并加以修订，以期引起企业对于安全管理的重视和对企业财产及员工生命安全的最大关怀。

我们提倡将5S升级为6S，是因为6S包含"安全"，保障了企业永续经营的可能，改善了工人的生存状态。我国正处于工业化的历史阶段，特定历史时期的社会生产力发展水平和社会文明程度，使得我们仍然处于经济持续快速发展与安全生产基础薄弱形成的突出矛盾中，仍然处在事故的"易发期"，稍有不慎就会发生事故甚至重大特大事故。所以，我国企业，特别是工矿企业和制造业，必须加强安全管理。

本书在第一版的基础之上细致讲解了安全管理的整个脉络框架以及管理过程中需要注意的细节，为企业安全管理提供了切实可行的管理方法。

本书以深圳多个大型制造企业的先进管理流程和方案为蓝本编撰而成，内容具有很强的针对性和现实性，是一本非常实用的安全管理读物，更是企业进行安全培训的很好教材。

本书在编写过程中得到了工业和信息化部国营第711厂、深圳长城科技股份公司、富代瑞科技公司、双通电子厂等企业的大力支持，并有水藏玺、吴平新、王波、胡俊睿、黄英、贺小电、金晓岚、许艳红、赵晓东、邱昌辉等同志的参与，在此表示衷心的感谢！

希望本书能对制造业及工矿业的各级管理者和广大员工提升安全管理水平有所帮助。如果您在阅读中有什么疑问或心得体会，欢迎与我们联系。我们的联系方式是：hhhyyy2004888@163.com。

杨 剑

2018 年 5 月

目 录

第三章　安全文化建设和安全教育培训

第四章 安全生产日常管理

第七章 危险作业安全技术与安全管理

第八章 各种重大危险源辨识

第九章　安全生产应急管理

第一章

安全管理概述

一、安全与安全管理

◎安全

安全是在生产过程中，将系统的运行状态对人类的生命、财产、环境可能产生的损害控制在能接受水平以下的状态。

"安"与"危"是一个相对概念，《易·系辞下》有云："是故君子安而不忘危，存而不忘亡，治而不忘乱，是以身安而国家可保也""无危则安，无缺则全"。

（1）安全与危险并存。安全与危险在同一事物的运动中是相互对立的，相互依赖的。因为有危险，才要进行安全管理。安全与危险并非是等量并存、平静相处。随着事物的运动变化，安全与危险每时每刻都此消彼长地变化着，在事物的运动中，不存在绝对的安全或危险。

（2）安全与生产的统一。生产是人类社会存在和发展的基础。如果生产中人、物、环境都处于危险状态，则生产无法顺利进行。因此，安全是生产顺利进行的客观要求。自然，当生产完全停止，安全也就失去意义。生产有了安全保障，才能持续、稳定发展。生产活动中事故层出不穷，生产势必陷于混乱甚至瘫痪状态。当生产与安全发生矛盾、危及员工生命或国家财产安全时，生产活动应立即停下来整治，待消除危险因素以后，生产形势变好再进行生产活动。生产与安全二者既对立又统一。

（3）安全与质量的包涵。从广义上看，质量包含安全工作质量，安全概念也内含着质量，二者交互作用，互为因果。安全第一，质量第一，两个第一并不矛盾。"安全第一"是从保护生产的角度提出的，而质量第一则是从关心产品成果的角度而强调的。安全为质量服务，质量需要安全保证。生产过程无论丢掉了哪一头，都要陷于失控状态。

（4）安全与速度互保。生产的蛮干、乱干，在侥幸中讲求的快缺乏真实与可靠性，一旦酿成不幸，非但没有速度可言，反而会延误时间。速度应以安全为保障。我们应当追求安全加速度，竭力避免安全减速度。

安全与速度成正比例关系。一味强调速度，置安全于不顾的做法，是极其有害的。当速度与安全发生矛盾时，暂时减缓速度，保证安全，才是正确的做法。

（5）安全与效益兼顾。安全技术措施的实施，定会改善劳动条件，调动员工的积极性，焕发劳动热情，带来经济效益，使投入获得更丰厚的产出回报。从这个意义上说，安全与效益完全是一致的，安全促进了效益的增长。

在安全管理中，投入要适度、适当，精打细算，统筹安排，既要保证安全生产，又要经济合理，还要考虑力所能及。单纯为了省钱而忽视安全生产，或不惜资金地盲目追求高标准，都是不可取的。

◎安全管理

安全管理是管理科学的一个重要分支，它是为实现安全目标而进行的有关决策、计划、组织和控制等方面的活动；主要是运用现代安全管理原理、方法和手段，分析和研究各种不安全因素，从技术上、组织上和管理上采取有力的措施，解决和消除各种不安全因素，防止事故的发生。

二、安全管理的对象、任务、方法

◎安全管理的对象

安全管理的对象主要包括以下内容。

（1）人。员工和管理者。

（2）财。安全技术措施、经费等。

（3）物。设备、仪器、材料、能源等。

（4）环境。一是物理环境，二是文化环境。

◎ 安全管理的任务

安全管理作为企业生产经营的保障，是企业管理的内容之一，是单位目标的组成部分，有着自己明确的任务。安全管理的任务主要有以下几项。

（1）制定安全生产规章、制度、规程，并组织实施。

（2）力争减少或消灭工伤事故、火灾爆炸事故，保障劳动者安全地进行生产。

（3）采取安全技术措施，防止职业病和职业中毒事故的发生，保障劳动者的身体健康。

（4）经常开展群众性的安全教育活动和安全检查活动，努力提高员工安全意识和自我保护能力，不断消除事故隐患。

（5）改善劳动条件，完善防护设施，减轻劳动强度，提供个体防护用品，逐步实现安全、文明生产。

（6）搞好劳逸结合，保持劳动者良好的身心状态，并根据妇女生理特点，对妇女进行特殊保护。

（7）进行伤亡事故的调查、分析、统计、报告和处理，开展伤亡事故规律性的研究及事故的预测、预防。

（8）进行安全生产课题的研究和技术成果推广，进行安全管理经验的推广。

◎ 安全管理的方法

安全管理的方法有以下三类。

（1）建立职业健康安全管理体系、安全性评价等系统方法。

（2）计划管理法、目标管理法、PDCA 循环等专业管理方法。

（3）危险性分析、安全检查、安全教育等具体工作方法。

> PDCA 循环是全面质量管理的思想基础和方法依据。其含义是将质量管理分为四个阶段，即计划（Plan）、执行（Do）、检查（Check）、行动（Action）。

第二章

安全管理理念

一、"四不伤害"安全理念

◎ 什么是"四不伤害"

1."四不伤害"的含义

"四不伤害"的含义包括以下几个方面。

（1）我不伤害自己。"我不伤害自己"，就是要提高自我保护意识，不能由于自己的疏忽、失误而使自己受到伤害。它取决于自己的安全意识、安全知识、对工作任务的熟悉程度、岗位技能、工作态度、工作方法、精神状态、作业行为等多方面因素。

（2）我不伤害他人。"我不伤害他人"，就是我的行为或行为后果不能给他人造成伤害。在多人同时作业时，由于自己不遵守操作规程、对作业现场周围观察不够以及自己操作失误等原因，自己的行为可能对现场周围的人员造成伤害。

（3）我不被他人伤害。"我不被他人伤害"，即每个人都要加强自我防范意识，工作中要避免他人的错误操作或其他隐患对自己造成伤害。

（4）我保护他人不受伤害。任何组织中的每个成员都是团队中的一分子，要担负起关心爱护他人的责任和义务，不仅自己要注意安全，还要保护团队的其他人员不受伤害，这是每个成员对集体中其他成员的承诺。

2."四不伤害"的延展

对于立体交叉作业，涉及的人员较多、单位较多、工种较多、危险作业较多，各施工单位之间的"四不伤害"由个体行为扩展到组织行为尤其重要。在这种情况下，要想杜绝事故，保证现场所有作业人员的健康安全，必须做到各个作业单位之间的"四不伤害"。每个作业单位人员自己要保证安全；每个作业单位要保证不伤害其他施工作业单位的人员；每个作业单位人员不被其他作业单位伤害；每个作业单位都有责任保护其他作业前段时间人员不受到伤害。

为了有效落实"四不伤害"原则，强化安全管理，有效避免人身伤害，各施工单位应做到以下几点。

（1）签订安全协议。

（2）进行安全交底（先知），辨识危险危害因素。

（3）各自落实安全措施和安全责任，现场施工经常进行沟通、协调，进行统一指挥。

（4）规范岗位作业行为，从我做起。

由"要我安全"到"我要安全"直至"我会安全"，这个过程需要牢固树立安全意识，广泛学习安全知识，熟练掌握安全技能，把正确的安全操作行为变成一种安全行为习惯，真正形成一种安全文化，达到"四不伤害"。

◎ "四不伤害"有何重要性

"四不伤害"的安全理念是在"三不伤害"的基础上的提升，是人性化管理和安全情感理念的升华。即在"不伤害自己、不伤害他人、不被他人伤害"的"三不伤害"的安全理念基础上，增加"保护他人不受伤害"这一关心他人，也是关心自己的观点，进一步丰富和发展了安全管理的内涵，拓宽了安全管理的渠道，突出了"以人为本"的安全管理理念，强化了安全生产意识。

随着安全管理的不断精细化，安全生产标准化及作业环境本质安全的迫切需要，把"三不伤害"提升到"四不伤害"显得极为重要。在安全管理工作中，"四不伤害"充分体现了每一个作业人员的自保、互保、联保意识。

自保，就是在工作中必须清楚地知道自己该做什么，不该做什么，应该做什么，怎么去做，并对作业现场的危险因素、安全隐患和事故处理及防范措施都要做到心中有数，从而确保自己的安全。互保就是在作业过程中，要看一看有没有危及他人的安全，详细了解清楚周边的安全状况，关键时刻要多提醒身边的同事，一个善意的提醒，就可能防止一次事故，就可能挽救一个生命；关心关注周围同事的行为，对现场出现"三违"现象要及时制止，绝不视而不见，更不能盲目从事。关注他人安全的意识就是保护他人的安全，是每一个作业人员的安全责任和义务，也是保护自己的有效措施。联保就是在作业过程中，不单单是关心自己，同时还要关心他人，相互提醒、相互监督、相互促进，形成人人抓安全，人人保安全的责任意识，增强员工的凝聚力，提高全员的安全意识。

◎ 如何建立"四不伤害"安全理念

员工的安全是公司正常运行的基础，也是家庭幸福的源泉。有安全，美好生活才有可能。

1. 我不伤害自己

要想做到"我不伤害自己"，应做到以下方面。

（1）在工作前应思考下列问题：我是否了解这项工作任务，责任是什么？我具备完成这项工作的技能吗？这项工作有什么不安全因素？有可能出现什么差错？出现故障我该怎么办？应该如何防止失误？

（2）保持正确的工作态度及良好的身体心理状态，懂得保护自己的责任主要靠自己。

（3）掌握自己操作的设备或活动中的危险因素及控制方法，遵守安全规则，使用必要的防护用品，不违章作业。

（4）弄懂工作程序，严格按程序办事。

（5）出现问题时停下来思考，必要时请求帮助。

（6）谨慎小心工作，切忌贪图省事，不要干起活来毛毛躁躁。

（7）不做与工作无关的事。

（8）劳动着装齐全，劳动防护用品符合岗位要求。

（9）注意现场的安全标志，辨识作业现场危险有害因素。

（10）积极参加一切安全培训，提高识别和处理危险的能力。

（11）虚心接受他人对自己不安全行为的提醒和纠正。

2. 我不伤害他人

要想做到"我不伤害他人"，应做到以下方面。

（1）自己遵章守规，正确操作，是"我不伤害他人"的基础保证。

（2）多人作业时要相互配合，要顾及他人的安全，对不熟悉的活动、设备、环境多听、多看、多问，经过必要的沟通协商后再行动。

（3）工作后不要留下隐患，检修完机器时，将拆除或移开的盖板、防护罩等设施恢复正常，避免他人受到伤害。

（4）操作设备尤其是启动、维修、清洁、保养时，要确保他人在安全的区域。

（5）你所知道的危险及时告知受影响人员，加以消除或予以标识。

（6）对所接受到的安全规定/标识/指令，请认真理解后执行。

（7）高处作业时，工具或材料等物品放置稳妥，以防坠落砸伤他人；动火作业完毕后及时清理现场，防止残留火种引发火情。

（8）机械设备运行过程中，操作人员未经允许不得擅自离开工作岗位，谨防其他人误触开关造成伤害等。

（9）拆装电气设备时，将线路接头按规定包扎好，防止他人触电。

（10）起重作业要遵守"十不吊"，电气焊作业要遵守"十不焊"，电工作业要遵守电气安全规程等。每个人工作完毕都要仔细观察作业现场周围，做到工完场清，不给他人留下隐患。

3. 我不被他人伤害

要想做到"我不被他人伤害"，应做到以下方面。

（1）提高自我防护意识，保持警惕，及时发现并报告危险。

（2）拒绝他人违章指挥，提高防范意识，保护自己。

（3）对作业场地周围不安全因素要加强警觉，一旦发现险情要及时制止和纠正他人的不安全行为并及时消除险情。

（4）不忽视已标识的潜在危险并远离之，除非得到充足防护及安全许可。

（5）要避免由于其他人员工作失误、设备状态不良或管理缺陷遗留的隐患给自己带来伤害。如发生危险性较大的中毒事故等，没有可靠的安全措施不能进入危险场所，以免盲目施救，自己被伤害。

（6）交叉作业时，要预见别人对自己可能造成的伤害，并做好防范措施。检修电气设备时必须进行验电，要防范别人误送电等。

（7）设备缺乏安全保护设备或设施时，例如，旋转的零部件没有防护罩，员工应及时向上级主管报告，接到报告的人员应当及时予以处理。

（8）在危险性大的岗位（例如，高空作业、交叉作业等），必须设有专人监护。

（9）纠正他人可能危害自己的不安全行为，不伤害生命比不伤害情面更重要。

4. 我保护他人不受伤害

要想做到"我保护他人不受伤害"，应做到以下方面。

（1）任何人在任何地方发现任何事故隐患都要主动告知或提示给他人。

（2）提示他人遵守各项规章制度和安全操作规程。

（3）提出安全建议，互相交流，向他人传递有用的信息。

（4）视安全为集体荣誉，为团队贡献安全知识，与其他人分享经验。

（5）关注他人身体、精神状态等异常变化。

（6）一旦发生事故，在保护自己的同时，要主动帮助身边的人摆脱困境。

二、安全为主，预防为先

◎安全生产最重要的就是预防

"预防为先，安全为首"，才能有效降低企业安全事故发生的频率。

> 安全生产方针：安全第一、预防为主、综合治理。

安全生产最重要的就是要预防。像治疗疾病一样，预防是前沿阵地，是防止疾病产生的最佳选择。当今大企业，工矿设备需要维护，需要员工操作，每个岗位都有它的技术标准、安全规则，以及前辈师傅们的工作经验。所以要学习，虚心听取同行的经验和教训，而且要掌握要领，这是防止安全事故发生的最佳选择。

正如疾病预防的成本远远比治疗疾病要便宜得多一样，安全事故的预防是更经济、更划算的行为。有安全隐患就要动脑筋去发现、去处理。如果发现了不安全因素却不理不睬、不重视，就埋下了事故的导火索，随时可能引爆，造成他人以及财产的损失。

人的生命只有一次。所以，安全生产开不得半点玩笑。其中很多特殊工种对安全的要求更高，所以，特殊岗位的人更应学习好岗位安全知识，必须经过安全培训，持证上岗。各方面严格要求自己，防范到位，生命也就多了几分安全保障。

一些人不爱穿戴劳保用品，虽然看起来并不影响生产，却是造成不安全的一个重要因素。像焊工不戴口罩是非常吃亏的，长期吸入各种有毒烟气会造成机体中毒，危及生命。所以，安全生产重在预防，来不得一点侥幸。

虽然有了安全防范也会存在安全事故威胁，但有防范总比不防范要好得多，像对付疾病的产生一样，预防总比治疗好。现在的某些疾病还是不能根治，所以，预防应该永远是第一位的。

俗话说："安全是天，生死攸关。"安全是人类生存和发展的基本条件，安全生产关系员工生命和财产安全、家庭幸福和谐；关系企业兴衰的头等大事。对于企业来说，安全就是生命，安全就是效益，唯有安全生产这个环节不出差错，企业才能更好地发展壮大，否则，一切皆是空谈。

安全生产，得之于严，失之于宽。在安全生产和安全管理的过程中，时常会看到因为一些小节的疏忽而酿成大的事故，一切美好的向往、对未来美好憧憬也将随着那一刹那的疏忽而付之东流。

安全生产只有起点没有终点。安全生产是永不停息、永无止境的工作，必须常抓不懈，警钟长鸣，不能时紧时松、忽冷忽热，存有丝毫的侥幸心理和麻痹思想；更不能"说起来重要、做起来次要、干起来不要"。

安全意识也必须渗透到灵魂深处，朝朝夕夕，相伴你我。我们要树立居安思危的忧患意识，把安全提到前所未有的高度来认识。安全生产虽然慢慢步入良性循环轨道，但我们并不能高枕无忧。随着科技的发展与进步，安全生产也不断遇到新变化、新问题，必须善于从新的实践中发现新情况，提出新问题，找到新办法，走出新路子。面对全新而紧迫的任务，更要树立"只有起点没有终点"的安全观，真正做到"未雨绸缪"。

◎ 了解人的不安全心理

很多企业和员工均存在侥幸心理，企业在管理中安全责任意识淡薄，没有从责任感、意识层次上进行预防。"安全第一、预防为主"更应该体现在从心理上真正做好思想准备工作，从意识上、从责任感上、从思想上做好准备。我国大多数企业在安全管理工作中，知道安全管理可以给企业带来无形的经济效益，但是，也有不少企业没有从思想上重视安全管理，给企业带来了破灭性的灾难。下面将主要的不安全心理分析如下。

1. 侥幸心理

有侥幸心理的人通常认为操作违章不一定会发生事故，相信自己有能力避免事故发生，这是许多违章人员在行动前的一种重要心态。心存侥幸者不是不懂安全操作规程，或缺乏安全知识、技术水平低，而是"明知故犯"；他们总是抱着违章不一定出事，出事不一定伤人，伤人不一定伤己的信念。

2. 冒险心理

冒险也是引起违章操作的重要心理原因之一。理智性冒险，"明知山有虎，偏向虎山行"；非理智性冒险，受激情的驱使，有强烈的虚荣心，怕丢面子；有冒险心理的人，或争强好胜、喜欢逞能，或以前有过违章行为而没有造成事故的经历；或为争取时间，不按安全规程作业。

有冒险行为的人，甚或将冒险当作英雄行为。有这种心理的人，大多为青年员工。

3. 麻痹心理

具有麻痹心理者，或认为是经常干的工作，习以为常，不觉得有什么危险，或没有注意到反常现象，照常操作。还有的则是责任心不强，沿用习惯方式作业，凭"老经验"行事，放松了对危险的警惕，最终酿成事故。

麻痹大意是造成事故的主要心理因素之一，其在行为上表现为马马虎虎、大大咧咧、盲目自信。他们往往盲目相信自己以往的经验，认为自己技术过硬，保证出不了问题。

4. 捷径心理

具有捷径心理的人，常常将必要的安全规定、安全措施当成完成任务的障碍，如为了节省时间而不开工作票、高空作业不系安全带。这种心理造成的事故，在实际发生的事故中占很大的比例。

5. 从众心理

具有这种心理的人，其工作环境内大都存在有不安全行为的人。如果有人不遵守安全操作规程并未发生事故，其他人就会产生不按规程操作的从众心理。从众心理包括两种情况：一是自觉从众，心悦诚服、甘心情愿与大家一致违章；二是被迫从众，表面上跟着走，心里反感，但未提出异议和采取抵制行为。

6. 逆反心理

逆反心理是一种无视管理制度的对抗性心理状态，一般在行为上表现出"你让我这样，我偏要那样""越不许干，我越要干"等特征。逆反心理表现为两种对抗方式：显现性对抗指当面顶撞，不但不改正，反而发脾气，或骂骂咧咧，继续违章；隐性对抗指表面接受，心理反抗，阳奉阴违，口是心非。

具有逆反心理的人一般难以接受正确、善意的提醒和批评，他们坚持其错误的行为，在对抗情绪的意识作用下产生一种与常态行为相反的行为，自恃技术好，偏不按规程执行，甚至在不了解物的性能及注意事项的情况下进行操作，从而引发人身安全事故。

7. 厌倦心理

从事单调、重复工作的人员，容易产生心理疲劳和厌倦感。具有这种心理的人往往由于工作的重复操作产生心理疲劳，久而久之便会形成厌倦心理，从而感到乏味，时而走神，造成操作失误，引发事故。

8. 好奇心理

好奇心人皆有之，其是对外界新异刺激的一种反应。好奇心强的人容易对自己以前未见过、感觉很新鲜的设备乱摸乱动，从而使这些设备处于不安全状态，最终影响自身或他人的安全。

9. 逞能心理

争强好胜本来是一种积极的心理品质，但如果它和炫耀心理结合起来，且发展到不恰当的地步，就会走向反面。

10. 无所谓心理

无所谓心理表现为对遵章或违章心不在焉，满不在乎。持这种心理的人往往根本没意识到危险的存在，认为规章制度只不过是领导用来卡人的。他们通常认为违章是必要的，不违章就干不成活，最终酿成了事故。

11. 作业中的惰性心理

惰性心理指尽量减少能量支出，能省力便省力，能将就凑合就将就凑合的一种心理状态，其也是懒惰行为的心理依据。

12. 情绪波动，思想不集中

情绪是心境变化的一种状态。顾此失彼，手忙脚乱，高度兴奋或过度失落都易导致不安全行为。

13. 技术不熟练，遇险惊慌

对突如其来的异常情况惊慌失措，无法进行应急处理，难断方向。

14. 错觉下意识心理

这是个别人的特殊心态，一旦出现，后果极为严重。

15. 心理幻觉近似差错

莫名其妙地"违章"，其实是人的心理幻觉所致。行为科学是研究人的行为的一门综合性科学。它研究人的行为产生的原因和影响行为的因素，目的在于激发人的积极性和创造性，从而达到组织目标。它的研究对象是探讨人的行为表现和发展的规律，以提高对人的行为预测以及激发、引导和控制能力。

◎ 了解物的不安全状态

物的不安全状态主要表现在以下几点。

（1）设备、装置有缺陷。例如，设备陈旧、安全装置不全或失灵、技术性能降低、刚度不够、结构不良、磨损、老化、失灵、腐蚀、物理和化学性能均达不到规定等。

（2）施工场所的缺陷。例如，工作面狭窄、施工组织不当、多工种立体交叉、交通道路不畅、机械车辆拥挤等。

（3）物质及环境具有危险源。例如，物质方面：物品易燃、毒性、机械振动、冲击、旋转、抛飞、剪切、电器漏电、电线短路、火花、电弧、超负荷、过热、爆炸、绝缘不良、电器无漏电保护、高压带电作业等。环境方面：台风、雷电、高温、桩井有害气体、焊接烟雾、噪声、粉尘、高压气体、火源等。这些有害因素都会导致施工人员在不符合安全操作规程要求时发生工伤事故。

◎ 了解人的不安全行为产生的原因

1. 操作失误

主要原因如下。

（1）机械产生的噪声使操作者的知觉和听觉麻痹，导致不易判断或判断错误。

（2）依据错误或不完整的信息操纵或控制机械造成失误。

（3）机械的显示器、指示信号等显示失误使操作者误操作。

（4）控制与操纵系统的识别性、标准化不良而使操作者产生操作失误。

（5）时间紧迫致使没有充分考虑而处理问题。

（6）缺乏对机械危险性的认识而产生操作失误。

（7）技术不熟练，操作方法不当。

（8）准备不充分，安排不周密，因仓促而导致操作失误。

（9）作业程序不当，监督检查不够，违章作业。

（10）人为地使机器处于不安全状态，如取下安全罩、切除联锁装置等，走捷径、图方便、忽略安全程序。

2. 误入危险区

主要原因如下。

（1）操作机器的变化，如改变操作条件或改进安全装置时；如电气倒闸操作误入带电间隔。

（2）图省事、走捷径的心理。

（3）条件反射下忘记危险区。

（4）单调的操作使操作者疲劳而误入危险区。

（5）由于身体或环境影响造成视觉或听觉失误而误入危险区。

（6）错误的思维和记忆，尤其是对机器及操作不熟悉的新员工容易误入危险区。

（7）指挥者错误指挥，操作者未提出异议而误入危险区。

（8）信息沟通不良而误入危险区。

（9）异常状态及其他条件下的失误。

三、做到零伤害、零职业病和零事故

◎ 如何做到零伤害

1. 正确定位与规划

（1）战略定位。很多企业没有宏观的把握，也就是没有明确方向，不知道自己将向哪儿去，这是一个硬伤，企业要有清晰的战略，从长远角度来考虑企业总体发展方向。

（2）策略规划。每一个企业都应制订自己的远期和近期计划，来指导自己企业的日常行为和规范，这是一个企业必须建构的规划。

2. 正确认识和重视安全信条

（1）所有的伤害都是可以预防的。这一条是安全信条的核心。这一条要求看上去有点过分，但是多年的实践证明，坚持这条安全工作的原则，就能取得好的成绩。反之，任何偏离该原则的做法必然会导致工作的失误。

（2）管理层对安全及安全业绩负责。从上到下各级管理人员均有责任在其管辖范围内避免伤害的发生。管理层的一个重要责任是制订安全工作目标，提供资源并通过有效的监督使安全工作能持久和有效。

（3）全员参与安全工作至关重要。正如质量管理工作一样，安全管理工作离开了全员的参与也很难取得实效。现代化的公司每人每月要作一次安全检查，及时发现安全漏洞，提高员工的安全意识。

（4）任何作业中存在的危险源都应加以防护。本条与第一条"所有的伤害都是可以预防的"有相通的地方。前面讲的是目标，这里讲的是具体做法。一种是要对现场的危险源进行辨识；接下来最彻底的方法就是消除和改变危险源，但在实践中往往不可行。另一种选择是采用产生较少危害的工艺或设备。

但在大多数情况下，我们不得不采用将危险源加以隔离的方法。与此相配套的还有：制订相应的安全作业规程，员工培训，劳保装备的应用。通过以上几个方面的共同作用来保证人员的安全。

（5）安全是雇用员工的基本条件。安全作为雇用员工的基本条件，公司应加强安全的重视程度，规定每个岗位在安全方面的职责。

（6）安全培训是必不可少的。员工从进入公司第一天起就须接受安全培训，在日后的工作中还应不断地进行各类安全培训以不断加强员工的安全技能和意识。

（7）所有暴露的作业危险都应该和可以被隔离。所有的作业危险，特别是暴露在外的，都应该被隔离起来，也是可以被隔离起来的。只有把危险源隔离开来，才能杜绝员工在工作中因疏忽大意而导致的危险。

3. 规范管理

（1）规范制度。没有规则会使企业陷入僵局。小到员工守则大到企业运营，都应在遵循各项规章制度下规范运作。

（2）人性管理。除了规范的制度以外应采取人性化管理针对员工出现的不同心理状况应进行及时沟通，疏导员工情绪，消除不安全因素。

（3）加强执行力。将各项规章制度落到实处，要求员工按照操作规程工作，检查员工劳保防护用品穿戴情况，提高员工的安全意识，对于危险区域要做好相关的安全措施。

4. 加强安全分析工作

工作安全分析（JSA）程序是为员工设计的用来管理他们的日常工作中的安全

风险的工具。在进行一项有一定安全风险的工作之前，要求参与作业的员工需在"工作安全分析用表"上写出每一作业步骤、每一作业步骤中潜在的危险及相应的控制措施。

工作安全分析要点如下。

（1）对所有具有一定安全风险的工作（包括日常工作）都需要进行作业安全分析。

（2）在编写工作安全分析时，应请对该工作有丰富经验的员工参与一起编写，有必要时，安全员应予以协助。

（3）在编写工作安全分析时，首先按顺序写每一作业步骤，这些作业步骤应写成"做什么"而不是"如何做"。在写完所有作业步骤之前，不要开始进行危险源识别。

（4）在进行危险源识别时，列出危险源一定要足够具体。要尽量避免使用如"人员受伤"一类太笼统的说法。

当选择对危险源的控制方法时，首先应考虑是否可以采用另一种完全没有此危险的作业方法；如果没有，则再考虑如何应用工程的方法、管理的方法、安全作业行为、个人防护用品及应急反应计划等手段降低意外发生的可能性和一旦发生时后果的严重性，将危险控制到一个可接受的程度。

要尽量避免使用"小心""使用合适的个人防护用品"等太笼统的说法。如果工作安全分析只停留在纸表上，那么它就不能起到对危险源进行控制的作用，一定要利用班前会把工作安全分析中的内容给所有参与作业的人员讲清楚。在作业过程中，一定要按工作安全分析上所列的作业步骤一步一步地进行作业，并且要确保工作安全分析上所列的所有的风险控制措施都得到了充分的执行。

工作安全分析应该通过作业实践和吸取事故教训得到持续的改进和完善。

5. 发现隐患和发生事故必须及时报告

现场发现存在危险隐患，必须立即报告，并进行处理。任何人发现自身或者他人处于危险环境中时，必须及时提醒他人并消除危险。如遇到自己不能解决的，必须立即上报现场管理人员，禁止强行处理。具体措施建议如下。

（1）工厂及施工现场都必须制定隐患整改及事故报告制度。

（2）现场发生任何事故或发现隐患后，必须立刻通知现场管理人员。

（3）发现隐患后，应制订快速、有效的控制和预防措施，及时消除隐患。

（4）进行持续性监督，跟踪隐患处理措施是否有效，如无效则必须重新制订，作持续性改进，防止事故发生。

（5）任何受伤或者事故，无论有多小，都必须报告并调查，并且必须在受伤或者事故发生的 24h 之内，向上一级部门及公司管理层提交详细的事故调查报告。

（6）发生人身伤亡事故时，必须及时联系相关部门和单位进行救护。

（7）在准备或完成立即处理措施时，必须保护好事故现场，接受事故调查。

6. 建立工作现场应急预案

针对可能发生的紧急事件，必须制订工作现场应急预案。例如：高处坠落，人员触电、医疗急救或恶劣天气如台风等。具体措施建议如下。

（1）定期进行应急演习。

（2）材料的堆放必须符合要求，所有施工区域必须留有一条 4m 宽的消防、急救车通道，保证消防、急救车可以到达任何一个施工点及区域。

（3）现场必须设置担架、药箱等急救设施。

（4）设置应急救助站。

（5）设置紧急集合点。

（6）现场配备足够的 ABC 干粉灭火器材，并定期检查。

（7）进行应急培训，保证所有人员熟悉应急设备及紧急逃生通道的位置。

（8）发生急救及火灾事故时，必须派专人在路口等待，引导急救车及消防车进入施工工地。

（9）收录应急联系电话，包括当地的医院、消防中队及相关政府部门、所有管理人员的联系电话，并张贴在现场办公室或其他醒目的地方。

（10）建立员工家属联络方式并建档保存。

7. 重奖重惩

（1）公司应当鼓励工作中的安全行为和奖励安全表现良好的员工。对安全表现良好的员工可以直接进行奖励，也督促各个部门奖励表现好的员工。

（2）员工的违章行为分为三级，为保障工作区域安全，对员工的违章行为实施如下处罚制度：

①一级违章一次，立即开除。

②二级违章一次，罚款 ××× 元。

③三级违章一次，罚款 ××× 元。

（3）三级违章的界定。

①一级违章。

a. 高处作业时，不系挂安全带。

b. 在高处作业面睡觉、追逐、打闹、嬉戏。

c. 特种作业无证上岗，证件弄虚作假的。

d. 违规指挥、冒险操作，不听劝阻的。

e. 违反规定屡教不改的。

f. 瞒报、谎报、虚报事故的。

②二级违章。

a. 非持证的特种设备操作人员进行特种设备无证操作。

b. 特种作业人员不按施工方案的安全要求进行工作。

c. 违反各种特种作业中要求的行为：如违规指挥、冒险操作、违规作业等；特种作业时，不按要求使用及故意损坏个人劳保用品和防护用具；在氧气乙炔瓶旁边抽烟；指挥吊重物从地面有工人工作上方经过。

d. 工作区域打架、偷窃及饮酒。

e. 损坏或者擅自挪用、拆除、停用安全设施。

f. 损坏、不佩戴、不正确佩戴或佩戴不合适的个人劳保用品。

③三级违章。

a. 管理人员和安全人员不履行安全职责。

b. 对于违反安全的行为或状态视而不见不予以制止、纠正。

c. 不做好每日的安全记录。

d. 不及时落实整改违反安全要求的指令。

e. 使用不符合安全技术标准的设备。

f. 发现事故隐患不及时报告。

8. 技巧性地开展安全工作

（1）全员加强安全检查。公司每人每月作一次安全检查，其目的是发现安全漏洞，即不安全行为和不安全状况。这种做法也有利于提高员工的安全意识。

（2）建立安全委员会。公司建立安全委员会，成员来自于不同层面，从高级管理层直至基层员工（如：操作工），成员多样性，使得委员会做出的安全改进计划的可操作性大大增强。

（3）建立工具箱会议制度。通常也称作班前会，一般用于开工前布置工作时，利用这一机会来提醒安全方面的事项。

（4）提倡"三思而后行"的行为准则。这是一种思维和行为方法，简单而又行之有效。它提倡在行动前先要停顿一下，确认无误以后才开始。

（5）加强安全检查。安全检查的目的，就是公司要求员工对发生的大大小小的事故和事故件都予以报告，并分析原因，通过发现、记录和分析这些事故和事件，来减少事故发生的概率。

安全不能靠一时一事，实际情况的复杂性和多变性决定了安全工作是一个长期的任务，安全工作是场无止境的长征。

◎ 如何做到零职业病

用人单位不履行职业病预防义务，职业病诊断难、鉴定难、获赔难……从张海超"开胸验肺"到"毒苹果"，从云南水富"怪病"到深圳农民工尘肺，一桩桩沉痛的事件一次次触及我国职业病防治之殇。《中华人民共和国职业病防治法》将腰背痛、颈椎病、"鼠标手"等纳入其中，进行全新扩容，不仅体现了职业病防治的与时俱进，也体现了国家层面对劳动者的人性化关怀。但在为《职业病目录》扩容叫好的同时，更应该看到一项公共政策执行范围的拓展，必须建立在执行有力，并取得显著成效的基础之上。

刑法分则第一百三十一条至一百三十九条规定的消防责任事故罪、交通肇事罪、工程重大安全事故罪等九种危害公共安全罪以造成严重后果为犯罪的构成要件，未规定重大安全隐患、具有极大的社会危害性的行为是犯罪，不利于促使企业或个人防患未然地处理涉及公共安全的事务。由于企业或雇主违法冒险经营带来的利润是现实的，所以企业或雇主常以员工健康和生命为代价去追求尽可能多的利润。对依法维护员工利益的群众组织——工会来说，应主动预防风险，真正为员工做实事、做好事。

1. 预防为主

如何预防呢？

（1）危险评价到位。

（2）责任到位。

（3）措施到位。

（4）规章制度到位。

（5）教育到位。

（6）监督到位。

（7）奖惩到位。

2. 预防或控制的主要方法

现实中，完全避免职业危害因素的发生是难以做到的。但人们可以控制职业危害因素，减少其危害程度，防止劳动者发生严重职业伤亡和损害。预防或控制的方法主要有以下几种。

（1）消除法。如：雷管线短路以消除爆炸可能。

（2）减弱法。如：以无铅汽油代替含铅汽油，以非铅蓄电池代替铅蓄电池。

（3）吸收法。如：对高噪声设备，采取吸声材料加以吸声。

（4）屏蔽法。如：高速路旁的隔声墙。

（5）加强法。如：安全帽。

（6）薄弱环节法。如：前车玻璃采用夹胶法或刚化法制作，汽车保险杠。

（7）互锁法。如：电动果汁器上的起动与危险互锁。

（8）接零接地法。主要是防止触电及防静电。

（9）预警法。如：雷管箱上的爆炸危险标志、配电箱上的触电危险标志。

（10）预防性试验法。如：新型钻机在野外工地模拟条件下进行安全性试验、36V安全电压。

（11）时间调节法。为减少有害因素在人体内的积累量，采取减少工时，增加工间休息次数或时间等。

（12）空间调节法。生产中的危险和有害因素随着距离加大而减弱。

（13）防护用品法。当某些危害因素一时无法排除或排队时经济代价太大，这时就要使用个人防护用品。如焊接用防护面罩、防沙尘口罩、安全带等。

3.预防职业病的具体措施

预防职业病应做到以下几点。

（1）认真执行操作规程，充分利用防护设施和劳保用品。在生产劳动过程中，一定要养成严格遵守生产操作规程的良好劳动习惯，防止造成生产事故和职业危害。另外，工矿、企业还针对职业危害的特点，提供了一系列劳动防护工具和用品，如用于防尘、防烟雾以及防刺激性气体的防护眼镜；用于防护强热辐射、紫外线的防护面罩；用于防止皮肤污染和损害的防护药膏等，都要自觉地坚持佩戴和使用。

（2）养成良好生活习惯，提高自身防病能力。如在有尘、毒危害环境中作业应养成不吸烟、不吃零食和自觉使用防护用品的行为习惯；在从事高空作业及复杂精细工作时应养成不饮酒和保证充足睡眠的行为习惯等。此外，还应针对职业危害因素的特点，养成良好的饮食习惯，如接触铅尘、铅烟作业人员，平时应多食含磷和维生素E丰富的食品；接触磷作业人员应多食含钙、维生素C及维生素 B 族多的奶类、豆类食品及水果；接触苯类作业人员应多食瘦肉、鱼、蛋等富含蛋白质、低脂肪的食物和新鲜蔬菜及水果等，以减少对毒物的吸收或蓄积，增强人体抵抗能力。

（3）定期进行健康检查。各类作业人员，尤其是接触尘、毒及电离辐射的工人，要定期、主动地接受健康检查，及时发现轻微的职业疾患或前期症状，采取相应的防护措施，确保身体健康。

◎ 如何做到零事故

"零事故"最早起源于日本。早在 1973 年，日本就借鉴美国安全评议会开展的"Zeroinon Safety"活动思想，并将其与质量控制活动 (QC)、创造性问题解决方法（KJ 法）等方法相结合使用，最终演变为今天所熟知的"零事故"活动。

日本的"零事故"活动从 1973 年实施以来，经过多次改良，已经成为日本安全卫生工作中不可或缺的一项安全管理方法。

1. 树立"零事故"目标

据安全调研报告显示，随着社会发展，企业渴求安全的呼声越来越高，而"零事故"活动无疑是企业推进安全文化建设最有效的方法。

从安全文化建设的角度上讲，企业落实零事故安全生产管理的价值主要体现在以下几方面。

（1）促进"以人为本"的价值观更快深入人心。一家真正将"以人为本"做到实处的企业，必将是一家成功的企业。

从安全本身来讲，做好"零事故"就是以员工生命安全为基点。人是所有活动的根本，所以企业通过"零事故活动"可以达到如下安全价值目标。

①有利于促进"安全第一，预防为主"方针的有效落实。

②有利于促进员工的团队协作和团队自主活动。

③有利于企业每一名员工都把安全生产作为自身问题来对待。

④有利于推动工作现场员工创造明快、活跃的工作氛围以及构建无安全隐患的工作现场。

⑤有利于帮助员工养成安全行为习惯。

（2）强化员工的执行力。减少员工的不安全行为可简单理解为强化执行力。从事安全管理工作的人士都有一个普遍认识：事故之所以发生主要在于"操作者"没有按照程序执行。也就是员工具备专业知识和技术（会做），但没有按照专业要求的标准去做（忽视安全），所以导致安全事故的发生。

"操作者"不按操作程序执行（会做不去做）的原因主要包括以下几点。

①员工的精神状态欠佳。员工作业过程中精神及身体状态不佳，精力不集中。

②员工的工作热情缺乏。员工执行安全规章时缺乏工作热情，没有干劲。

③员工的安全认知不强。员工缺少对危险情况的感知。

其实，这些方面存在的根源还是人的不安全行为。大量统计结果表明，90%以上事故的发生原因中都有员工的不安全行为这一因素。也就是说，企业安全管理者要想单纯依靠命令、指示、规定、教育、强制等安全管理的方法来防止安全事故的发生是非常困难的，而且其所能发挥的作用也是非常有限的。所以，要想真正做好安全防范管理工作，必须采取团队自主活动。而"零事故"活动的提倡及实施恰恰帮助企业解决了这一问题。因为从"零事故"实施的范围来讲，该活动是通过全员参与、安全预知的方法解决岗位危险及存在的隐患，最终实现工作现场的安全和舒适，从而创建一个健康的工作环境。简单来讲，就是促进员工自觉减少不安全行为。

安全是人类生存生活的基础保障，没有了安全，"以人为本"就是一句空话。安全工作不是亡羊补牢，而是未雨绸缪，防微杜渐。

2. 认识"零事故"是最大的节约

安全工作不能有一点偏差，因为每一次事故造成的经济损失都将给社会带来难以承担的重担。安全管理稍有疏漏就会酿成事故，给人民生命造成威胁，财产造成损失。

倡导"零事故"活动可以从根本解决企业存在的安全问题，进而解决安全成本问题，即将"零事故"安全生产管理的价值呈现在企业管理者及员工面前。

（1）"零事故"是企业最大的成本节约。据不完全统计，企业每年因安全事故导致的花费，几乎占据企业生产总成本的10%。

（2）降低企业的人力成本。安全事故降低了，企业人员的生命安全保障就得到了提高，所以在企业人员配备上就能节省一大笔资金。

（3）设备、物料成本有效降低。没有安全事故发生，设备的使用寿命就在无形中得到延长，这就降低了企业的采购成本。

（4）员工的幸福指数上升。员工的幸福指数是指员工在工作中获得的知识、能力、心理承压以及工作热情的数字指标。

安全为了生产，生产必须安全。这是"零事故"活动节约企业成本的前提条件。所以，做好"零事故"活动就是企业安全生产管理收获的最大价值。

3. 狠抓安全教育

每天上班前 15min，车间负责人、工程师、领班要向安全经理汇报当天主要工作安排，安全经理和安全工程师必须针对此工作内容分析可能存在的危险，提醒大家在工作中要注意的事项，并制订出相应的预防措施。各车间安全工程师每天在员工开始工作前 5min，都要将所有工人召集在一起，分析当天工作中可能存在的安全隐患，并详细讲解预防措施。

通过安全教育，让大家认识到安全工作的重要性和必要性，了解项目安全管理制度以及安全事故自救常识等。除此之外，还在项目显眼位置张贴各类安全画报，时刻提醒大家注意安全。通过一系列长期的教育，要让安全生产意识深入人心，工作岗位上人人讲安全、学安全、比安全，让安全管理从"零"开始到"零"结束，紧盯每道工序，把握每个细节，做到严字当头，班组人员分工协作，环环相扣，各司其职；生产工具、安全设施整齐有序，生产现场无积水、无杂物。

4. 严格责任落实

根据工作岗位实际情况，制订严格的安全生产和防范制度，并将制度实实在在地落实在每个人上。每个车间设专职安全经理一名和安全工程师若干名。安全经理对整个车间或项目的安全负责监督、管理和实施，并定期向项目经理汇报整个项目的安全生产情况；安全工程师在安全经理的领导下，对各车间的安全工作进行监督、管理和实施，并每天向安全经理汇报各车间的安全生产情况。各班组设立班组安全员，安全员对安全经理负责。

为了确保责任落实，杜绝因人为因素带来的安全责任事故，工厂要定期组织对各车间进行安全大检查，对在检查中发现的安全隐患及时通报整改，并设定考核标准，予以评定，月底进行汇总。安全考核与项目部年终效益奖和年终项目奖金挂钩，对连续 3 个月评定垫底的安全工程师、车间负责人现场予以相应处罚并扣除相应效益奖和年终奖金，连续 6 个月评定垫底的安全工程师、车间负责人直接撤销职务并扣除全部效益奖和年终奖金；相反，对连续考核靠前的安全工程师和车间负责人，则进行相应奖励。使人人身上有责任，人人心中有动力，安全生产有保障。

5. 规范过程控制

制订严密的安全生产过程控制方案。在操作前，车间要与各相关班组沟通，制订安全防护方案。

要努力把安全技术措施、规程按照上级的要求和行业规定做到技术可靠、经济上可行、实际操作简单、安全上有保障，使之成为工人易懂、技术上无漏洞的优良措施，并根据现场条件的变化及时修改、补充、完善技术措施。

然后就是要监督现场，使各项安全技术措施落实到现场的各项工作中去，并对现场工作进行全面的指导，保证技术指导现场并服务于现场。

始终坚持日常化、规范化、精细化安全生产与质量管理，生产组织零违章、系统运行零隐患、执行制度零距离。

6. 从细节入手探索安全工作法

安全工作法除了包括现场安全确认、现场巡查、现场兑规作业、班中点评、班后收工会等现场安全工作流程管控，严格规定操作准备步骤。坚持以班前安全教育活动为特色的安全工作法。

上岗前坚决杜绝喝酒，"上班前不能喝酒"要成为岗位管理的铁律。

7. 严格班组安全教育"五步骤"

班前安全教育立规矩，对每一名员工做实功、负真责。

（1）"相面"。通过点名对员工出勤、精神状态进行确认，状态不好的坚决不让上岗操作。

（2）灌输安全知识。以安全常识、事故案例等安全知识为内容，采取一日一题的学习方式，对员工进行考问。

（3）交代安全注意事项。在布置当班生产任务时，清楚交代上一班反馈的工作现场环境状况，合理分配当班岗位人员的工作任务。

（4）诵读安全理念。根据当前安全生产情况，诵读相关的安全理念，增强自主保安意识。

（5）安全宣誓。组织全班员工面对"全家福"照片牌板进行安全宣誓。

8. 亲情文化凝聚和谐团队

（1）公司要积极打造"亲情文化"，充分发挥家属第二道安全防线作用。写一句亲情寄语、寄一封家书，深入班组开展安全宣传、庆功演出，常讲安全课，勤吹枕边风，使之成为员工安全的"护身符"。

（2）积极开展班组"民生日记"活动。所谓"民生日记"，就是设在班组活动室的一块记事板，专门记录员工家庭生活中的为难事。在生活中讲亲情，多关爱，让班组像家一样温馨和谐，也使员工消除后顾之忧。

四、如何从"要安全"到"会安全"

◎ 如何从"要我安全"转变为"我要安全"

安全是指不受威胁，没有危险、危害、损失。人类的整体与生存环境资源的和谐相处，互相不伤害。不存在危险的危害隐患，是免除了不可接受的损害风险的状态。

"要我安全"是一种被动的安全观，而"我要安全"是一种主动的安全观。

从"要我安全"转变为"我要安全"就是从被动转变为主动，把指标变成大众的意识，把被动防护变成基本意识的防护。

"安全生产没有终点只有起点！"各班组必须把安全生产放在第一位，使安全生产全员参与、齐抓共管。"安全"是企业管理过程中的永恒主题，而要做好安全生产，就必须从"要我安全"的思想中转变为"我要安全"。

1."我要安全"不在于知道，关键在于行动

无论什么时候，我们都不能丢掉"安全"两个字，在一线工作的员工，都知道公路上的车辆川流不息地穿梭奔驰着，非常不安全，所以我们在施工作业时要认真、规范摆放好施工牌等安全防护措施，这是保护自己，并不是做给领导看的，更不是来应付上级检查的。我们要知道，上级领导要求我们做好安全防护措施，是关心我们员工，对我们员工负责的一种体现。而单位要保证安全生产，则需要我们全体员工发扬主人翁精神，真正树立起"安全生产，人人有责"的安全理念，从被动接受的"要我安全"转变为积极主动的"我要安全"。

2.要养成安全意识和良好的习惯，从我做起，从小事做起

上班前按规定穿戴防护用品；使用机械、机具要按操作规程进行操作，发现异常及时整改；下班后要注意休息，养足精神，劳逸结合。行业的特点决定了工作中

存在各种不安全因素，因此，在工作中头脑要保持高度警惕，时刻把安全放在心里，在思想上不要存在麻痹和侥幸心理，不要认为这些事故不可能发生在自己身上，一次两次可能避免，时间长了，谁都不敢保证事故不会发生在自己身上，所以在生产工作过程中，我们要严格遵守安全生产规章制度，把安全生产落实到行动中去。

所以说，企业制定措施，提升员工安全意识，实现"要我安全"向"我要安全"的转变，是安全生产执行力由强制性到自觉性的一次质的飞跃。

◎ 如何从"我要安全"转变到"我会安全"

我们不但要有"我要安全"的意识，还要学会我会安全，我能安全。在员工意识到"我要安全"的同时，员工还必须实现"我会安全"，才能从事故源头控制不安全行为，减少或避免事故的发生。

如何从根本上提高员工的安全保护意识，实现从"我要安全"到"我会安全"的根本转变？

1.完善安全管理规章制度

（1）公司每年都要对管理规章进行一次修订、完善，并建立补充各类记录台账。

（2）公司要全面开展安全运行内审工作，有计划、有频次、有步骤地逐条进行审计。对安全运行中发现的问题不隐瞒、不回避，及时提出限期整改意见，对整改的问题做好跟踪落实，才能大大提高了安全运行质量。

（3）公司还要做到"八字方针"，把"安全第一，预防为主"列入管理的重要工作日程，每次开会首先就要研究安全工作，当安全与效益、安全与其他工作发生矛盾时，首先解决安全问题。

（4）坚持安全教育制度，每周确定一天为安全活动日。通过对安全规章的学习，安全事例的点评，逐步增强员工的安全意识。

（5）坚持每月安全员例会制度，定期分析安全形势，查找安全隐患，有针对性地提出安全措施和要求，防患于未然。

（6）坚持安全责任落实制度，每年首先落实公司安全管理精神，签订安全合同安全责任书，把安全指标层层分解、量化，把安全责任落实到基层，落实到岗位，落实到人头，形成良好的安全工作氛围。

（7）对发生问题的单位和个人，严格按照"四不放过"的原则，给予严肃处理。

通过建立健全各项安全管理制度，在安全工作中逐步形成用制度约束人、程序规范人的安全管理新格局，使公司的安全管理更加科学化、规范化。

2. 加强安全知识培训

为强化全体员工的安全意识，不断提高员工的安全保障能力，公司应逐步建立完备的教育培训管理体系，做到安全教育年有计划、月有安排，覆盖全员，不留死角，努力使教育培训工作常态化。

在安全教育上注重：一是结合公司运营的特点；二是结合年度安全教育计划；三是结合公司分部在各个主体厂的特殊情况；四是结合公司各类从业人员的工作特性。特别是特种作业人员分专业不同进行教育培训，严把安全关，为确保安全提供技术保障。

每周都要进行安全学习，充分利用好学习机会，使每个班组成员的安全知识达到一定的水平，成为班组安全工作的主心骨，利用班组安全活动对员工进行安全知识培训常抓不懈。

3. 建立企业安全文化

安全工作是一项系统工程，它涉及企业的方方面面，涉及参与生产活动的每一个人。为使安全第一、全员参与的文化理念深植员工的大脑意识当中，让"我要安全"变为"我会安全"，公司在安全文化建设方面，要大胆进行大量的有益尝试。如以落实安全规章、防止人为差错、提高安全质量为中心，开展安全知识竞赛、安全演讲比赛、安全橱窗比赛、安全标兵评选、安全技术研讨、安全文化词条征集等形式多样、内容丰富的安全文化活动。通过这些活动传播安全知识、强化安全理念。

为进一步将安全文化具体化、形象化、人格化。公司还可借助电子网络和通过在全公司内部开展每月评选出安全型先进个人，每季度评选出安全型先进班组的活动这两个文化平台，总结他们的安全经验和心得，在全体员工中发挥较好的示范引导作用。为进一步加强各基层部门安全工作，为确保安全创造一个良好工作环境，公司还可积极开展"班前作业提醒、班后事件分""每周安全活动""安全经验共享"等活动，通过各部门、各层次间开展、体验各车间安全经验，达成了"安全工作环环相扣，安全责任大家共担"的共识。

公司通过把安全文化理念装饰在环境中，渗透在制度里，体现在行动中，聚焦在安全文化楷模的形象上，逐步在公司内形成"人人事事想安全、时时处处保安全"的良好氛围。

第三章

安全文化建设和
安全教育培训

一、安全文化建设的内容与方式

◎安全文化建设的内容

安全文化建设的内容如下。

1.安全物质文化建设

安全物质文化建设包括创造必要的物质条件和采用科学的建设方法。

创造必要的物质条件包括生产的工具、设备、设施、材料、燃料、仪器、物化环境合格，安全工程设施、设备、装置、检测手段、防火及应急手段、安全信息手段等物质条件合格。

> 安全文化建设是以关心人、爱护人、尊重人、珍惜生命，提高全员安全文化素质为核心，以安全宣传、安全教育、安全管理为手段，贯穿生产经营全过程的企业安全作为。

安全物质文化的建设方法是指：通过采用先进、高效的生产工艺技术，安全性高的生产设备，灵敏、可靠的安全预警、预报和防护系统，快捷的事故应急系统，现代化的安全检验及环境监控系统，先进的人、机、环境信息管理技术，完善的标准及规程等来规范人的行为，从而极大减少事故的发生。

2.安全制度文化建设

安全制度文化建设包括：落实企业责任制，对国家法规的认识和理解，自身安全制度和标准体系的建设等方面。

（1）责任制的落实。包括法人代表、高级管理层、各职能部门及其负责人、各级（车间、班级等）机构及负责人的安全生产职责的落实。

（2）对国家法规执行的学习、认识及落实状况。

（3）企业自身的安全制度和标准体系的建设。包括各种岗位和工程的安全制度和规范，安全检查、检验制度；安全学习及培训制度；安全训练（操作、防火、自救等）制度；安全教育及宣传的制度；事故调查与处理制度、劳动保护和女工保护等一系列的制度建设。

3.安全精神文化建设

（1）精神文化建设就是要树立起"安全第一"的思想观念；具有"预防为主，安全为天"的意识；建立"安全维系员工的生命、健康与幸福"的伦理观念；树立"安全既有经济效益，又有社会效益"的价值观念；树立"安全科学与技术也是生产力"的科学观念；树立"安全系统是控制系统，生产系统是被（安全）控制系统"的辩证观念。

（2）对于管理者，要具有"安全为了生产、生产必须安全"的认识，要具有全面安全管理的意识；要具有"三同时""五同时"的意识；要具有安全经济保障与信息流的意识；要具有安全责任制与事故超前预防的意识等。

（3）对于员工，要树立"安全生产、人人有责"的意识；要树立"遵章光荣、违章可耻"的意识；要树立"珍惜生命，修养自我"的意识；要树立"自律、自爱、自护、自救"的意识；要树立"保护自己、爱护他人"的意识；要树立"事故源于'三违'与失误"的意识；要树立"消除隐患，事事警觉"的意识；要树立"遵照科学，规范行为"的意识；要树立"学习技术，提高技能"的意识等。

> "三同时"是指凡新建、扩建、改建和重大技术改造工程项目（含引进项目），其劳动安全卫生设施必须与主体工程同时设计、同时施工、同时投产验收使用。
>
> "五同时"是指企业生产（经营）的领导者和组织者，必须明确安全与生产是一个有机的整体，要将安全总结、评比生产工作的时候，同时计划、布置、检查、总结、评比安全工作。

4.安全行为文化建设

（1）管理者安全行为建设，是指改善管理者对安全工作的关心及态度；提高管理者对现场指挥的策略、方式及能力；改善管理者对安全经费的决策及态度，对安全专职人员的用人及态度；在"五同时"方面的表现；责任制范围内的工作表现；学习安全规程、知识、管理等方面的表现；事故发生时的行动及指挥能力及表现等。

（2）员工安全行为建设，包括对员工进行三级教育、特种教育、日常教育、安全宣传、班组建设等使员工遵章守纪，提高员工的操作技能，减少员工的行为失误，改善员工工作态度等方面。

（3）员工及家属的相关行为建设，指企业要关心员工的家庭生活，及时解决员工生活中遇到的困难，使员工安心工作，减少不安全行为等。

◎ 安全文化建设的方式

1. 班组及员工的安全文化建设

（1）可运用传统有效的安全文化建设手段。三级教育、特种教育、日常教育、全员教育、持证上岗、班前安全活动、标准化岗位和班组建设、技能演练、三不伤害活动、定置管理。

（2）推行现代的安全文化建设手段。"三群"（群策、群力、群管）对策、班组建小家活动、"绿色岗位"建设、事故判定技术、危险预知活动、风险抵押制、家属安全教育、"仿真"（应急）演习等。

2. 企业人文环境的安全文化建设

（1）运用传统的安全文化手段，如安全宣传墙报、现代安全生产周（日、月）、安全竞赛活动、事故报告会等进行安全文化建设。

> 风险抵押制是指企业以其法人或合伙人名义将用于本企业生产安全事故抢险、救灾和善后处理的专项资金专户存储，专款专用。

（2）推行现代的安全文化建设手段，如：安全文艺（晚会、电影、电视）活动、安全文化月（周、日）、安全贺年（个人）活动、安全宣传的"三个一工程"（一场晚会、一幅新标语、一块墙报）、青年员工的"六个一工程"（查一个事故隐患、提一条安全建议、创一条安全警语、讲一个事故教训、当一周安全监督员、献一笔安措经费）等。

> 安全工作"三同步"原则是指同步规划、同步组织实施、同步运作投产。

3. 管理层及决策者的安全文化建设

（1）运用传统有效的安全文化建设手段。全面现代安全管理、"五同时""三同步"、监督制、定期检查制、有效的行政管理手段、常规的经济手段。

（2）推行现代的安全文化建设手段。"三同步"原则、"三负责"制、意识及管理素质教育、目标管理法、无隐患管理法、系统科学管理、人—机—环境设计、系统安全评价、应急预案对策、事故保险对策、三因（人、物、境）安全检查等。

> "三负责"制是对企业生产领导提出的工作要求，即企业各级生产领导在安全生产方面要"向上级负责，向员工负责，向自己负责"。

4.现场的安全文化建设

（1）运用传统的安全文化手段，如安全标语（旗）、安全标志（禁止标志、警告标志、指令标志）、事故警示牌等进行安全文化建设。

（2）推行现代的安全文化建设手段：如技术及工艺的本质安全化、现场"三标"建设、"三防"管理（尘、毒、烟）、"四查"工程（岗位、班组、车间、厂区）、"三点"控制（事故多发点、危险点、危害点）等。

二、开展安全教育

◎安全教育的目标、作用与原则

1.安全教育的目标

安全教育工作是企业安全管理的一项十分重要的内容，是一项经常性的基础工作，在企业安全管理中占有重要地位，其目标如下。

（1）提高企业员工的安全意识。

（2）帮助员工掌握安全知识和技术。

（3）实现全员安全管理。

2.安全教育的作用

安全教育的作用是巨大的。安全教育承担着传递安全经验和安全知识的任务。文化的传承与发展最主要的是依靠教育，教育不仅对文化有着传输功能，而且还具有放大功能。安全文化也是一样，安全教育把前人的安全经验、认识、思想等传递给更多的社会大众，使得安全文化的精神、思想、认识等被更多的人所接受，从而形成安全文化的氛围。通过安全教育，使更多的人对安全文化的实质进行进一步的挖掘和探索，使得安全文化理论进一步发展，内容更加丰富，范围更加广泛。

安全教育使得人的安全文化素质不断提高，安全精神需求不断发展，促进人对安全的认识观念和对安全活动及事物的态度形成和改变，使人的行为更加符合社会生活中的安全规范和要求。因此，安全教育在安全文化建设方面扮演着十分重要的角色。

（1）安全教育影响着人们对安全的认识和需求，促使人们进一步的认识安全世界，认识安全的发展规律及其联系，自觉地、有创造性地实现和发展安全的目标，从态度、意识、观念上加强人们对安全的认识。使人们在安全意识上真正从"要我安全"向"我要安全""我会安全""我能安全"的观念转变，从而达到搞好安全生产和生活，保护自身和他人安全健康的目的。

（2）安全教育传授安全知识和安全技能，通过安全文化的传播和教育从而提高和完善人的安全素质，学会消灾避难、应急救护的方法。安全科技文化知识和技能是预防和减少意外伤亡事故的"灵丹妙药"，使人们逐步发展为理想的"安全人"。没有教育，社会的安全文化必定是落后的，人的安全素质必定是低下的。只有在安全教育过程中，安全文化才能得到发展，安全氛围才能得以形成，员工的安全素质才能得以提高。

（3）安全教育是为普及安全知识，提高员工安全意识，端正安全行为动机，掌握安全操作规程和技能，消除不安全行为的一种必要手段，同时也是对员工进行各种生产安全政策、法律、法规和规章等方面知识的教育。通过安全教育与训练，就能有效地防止人们产生不安全行为，减少人失误或缺点。

安全教育能提高人们搞好安全工作的责任感和自觉性。通过安全教育不仅能增强各级安全管理人员和广大员工对"安全第一，预防为主，综合治理"方针的认识，提高他们对安全工作的责任感，而且能使他们提高自觉遵守各项安全生产规章制度的自觉性，增强他们的安全生产法律法制意识。

安全教育的质量决定着安全文化的质量，没有行之有效的安全教育，就没有良好的安全文化，安全文化建设和发展离不开安全教育。安全教育的效果如何，从某种意义上讲取决于广大员工对安全生产的认识水平，取决于他们的事业心和责任感。所以，安全教育是建设和发展安全文化的重要手段。同时，安全教育能够促使人们更好地完成社会所赋予的政治、经济、文化方面的任务，促使人的个性发展。通过安全教育塑造安全人，才是抓住了安全的根本。

通过开展经常性安全教育，能使人们在自身安全方面的不足得到及时弥补，使员工掌握各种损害事故发生发展的客观规律，提高安全操作技能并掌握安全检测技术与控制技术的科学知识，减少人为失误，控制自身的不安全行为。

3. 安全教育的原则

安全教育原则是进行安全教育活动所应遵守的行动准则。

（1）教育的目的性原则。企业安全教育的对象包括企业的各级领导、一线人员、安全管理人员，以及职工的家属等。对象不同，教育的目的也不同。对于各级领导，安全的认识和决策教育是重点；对于一线人员，安全态度、安全技能和安全知识教育是重点；对于安全管理人员，安全科学技术教育是重点；对于员工家属，让其了解企业的工作性质、工作规律及相关的安全知识等是重点。只有准确地掌握了教育的目的，才能有的放矢，提高教育效果。

（2）理论与实践相结合原则。安全活动具有明确的实用性和实践性。进行安全教育的最终结果是对事故防范，只有通过生活和工作中的实际行动，才能达到防范事故的目的。因此，安全教育过程中必须做到理论联系实际。为此，现场说法、案例分析是安全教育的基本形式。

（3）调动教与育积极性原则。有人说，安全事业是"积德"事业。从受教育的角度来说，接受教育，利己、利家、利人，是与自身的安全、健康、幸福息息相关的事情。所以，接受安全教育应是发自内心的要求。为此，必须充分认识安全效果的间接性、潜在性、偶然性，全面地、长远地、准确地理解安全活动的意义和价值。

（4）巩固性与反复性原则。安全知识，一方面随生活和工作方式的发展而改变；另一方面，安全知识应用在人们的生活和工作过程中是偶然的，这就使得已掌握的安全知识随着时间的推移而退化。"警钟长鸣"是安全领域的基本策略，其中就道出了安全教育的巩固性与反复性原则的理论基础。

◎安全教育的对象与内容

对一个企业来讲，安全教育的对象主要包括企业的决策层（法人代表）、管理层、员工、安全专业管理人员四种对象。

1.决策层（法定代表人）

企业决策层是企业的最高领导层（包括企业法人和决策者）。其中第一负责人就是企业的法人代表。

企业决策层安全教育的知识体系对决策层的安全教育重点在方针政策、安全法规、标准的教育。具体可以从以下几个方面进行教育（表3-1）。

表3-1　决策层（法人代表）安全教育的种类和内容

种　类	内　容
安全法规、标准及方针政策	（1）安全生产的技术法规，包括安全生产的管理标准，劳动生产设备、工具安全卫生标准，生产工艺安全卫生标准，防护用品标准等 （2）最大责任事故的治安处罚与行政处罚 （3）违反安全生产法律应承担的相应的民事责任 （4）违反安全生产法律应承担的相应的刑事责任 （5）构成重大责任事故罪等的情况
安全管理能力	（1）在安全生产问题上正确运用决定权、否决权、协调权、奖惩权 （2）在机构、人员、资金、执法上为安全生产提供保障条件
正确的安全思想	（1）尊重员工的生命价值 （2）强烈的安全事业心和高度的安全责任感
安全道德	正直、善良、公正、无私的道德情操和关心员工、体恤下属的职业道德
求实工作作风	防止口头上重视安全，实际上忽视安全

2.管理层

企业管理层主要是指企业中的中层主管和基层班组长。其安全教育的内容有一定区别，如表 3-2 所示。

表 3-2　管理层安全教育的种类和内容

人员	教育种类	内　容
中层管理	安全技术知识	企业安全管理、劳动保护、机械安全、电气安全、防火防爆、工业卫生、环境保护等知识；本行业或本企业侧重的安全知识
	安全工作方法	利益驱动法、需求拉动法、科技推动法、精神鼓动法、检查促动法、奖惩激励法等
	安全生产法规、制度体系	《安全生产法》《职业病防治法》、安全规程等
	其他	安全系统理论、现代安全管理、安全决策技术、安全生产规律、安全生产基本理论
基础管理	安全技术技能	必须掌握与自己工作有关的安全技术知识，了解有关事故案例
	安全操作技能	与自己工作有关的操作技能，不仅自己牢牢掌握，还要帮助班组成员掌握，避免失误

3. 安全专业管理人员

企业安全专业管理人员是企业安全生产管理和技术实现的具体实施者，是企业安全生产的"正规军"。安全专业管理人员安全教育的种类和内容见表 3-3。

表 3-3　安全专业管理人员安全教育的种类和内容

种类	内容
安全科学	安全设备学、安全管理学、安全系统学、安全人机学、安全法学
安全工程学	安全设备工程学、卫生设备工程学、安全管理工程学、安全信息学、安全运筹学、安全控制论、安全人机工程学、安全生理学、安全心理学
安全工程	安全设备工程、卫生设备工程、安全管理工程、安全系统工程、安全人机工程
专业安全知识	根据自己的行业，掌握如下知识：通风，矿山安全，噪声控制，机电、仪表安全，防火防爆安全，汽车驾驶安全，环境保护，等等
计算机相关知识	一般的计算机使用常识及一定的应用软件使用、开发基础

4.普通员工

企业普通员工的安全文化是企业安全生产水平和保障程度的最基础元素。因为安全工作的重要目的之一是保护现场的员工，同时，安全生产的落实最终要依靠员工，所以，员工的安全教育相当重要。员工基本安全教育的主要种类和内容见表3-4。

表3-4　员工安全教育的种类和内容

种类	内容
知识教育	（1）对所使用的机械设备的结构、功能、性能基本了解 （2）理解事故发生的原因 （3）安全卫生有关的法规、规定、标准 （4）企业危险设备和区域及其安全防护的基本知识 （5）电气设备的基本安全知识 （6）起重机械和内部运输有关的安全知识 （7）生产中有毒、有害物质安全防护知识 （8）企业消防制度和规则
知识教育	（1）个人防护用品的正确使用以及事故报告办法 （2）事故紧急救护和自救技术措施、方法
专业安全生产技术知识	安全生产技术知识、工业卫生技术知识以及相关安全生产操作规程
操作技能	掌握作业方法、机械设备操作方法以及程序与重点
工作态度	（1）对安全作业从思想上重视并认真执行 （2）遵守工作纪律与安全规程

◎员工安全教育的体系

1.新员工三级安全教育

新员工在进入工作岗位之前，必须由厂、车间、班组对其进行劳动保护和安全知识的初步教育（表3-5），以减少和避免由于安全技术知识缺乏而造成的各种人身伤害事故。

表 3-5　新员工三级安全教育

级别	说明	教育内容	责任部门
厂级	对新入厂员工或调动工作的员工以及临时工、合同工、培训及实习人员等在分配到车间之前的初步安全教育	（1）安全生产的方针、政策、法规和管理体系 （2）企业的性质及其主要工艺过程 （3）本企业劳动安全卫生规章制度及状况，劳动纪律和有关事故的真实案例 （4）企业内特别危险的区域及其安全防护注意事项 （5）新员工安全心理教育 （6）有关机械、电气、起重、运输等安全技术知识 （7）有关防火防爆和消防规程知识 （8）有关防尘防毒知识 （9）安全防护装置和个人劳动防护用品的正确使用方法 （10）新员工的安全生产责任制等	由厂人力资源部门组织、安全部门进行
车间	对新员工或调动工作的员工在分配到车间之后进行的第二级安全教育	（1）本车间的生产性质和主要工艺流程 （2）本车间预防工伤事故和职业病的主要措施 （3）本车间的危险部位及其注意事项 （4）本车间安全生产情况及其注意事项 （5）本车间典型事故案例 （6）新员工安全生产职责和遵守纪律的重要性	由车间主管安全的主任负责
班组（岗位）	对新到岗工作的员工在上岗之前进行的安全教育	（1）工段或班组的工作性质、工艺流程、安全生产等概况 （2）新员工将要从事的生产性质、安全生产责任制、安全操作规程及其其他有关安全知识和各种安全防护、保险装置的使用 （3）工作地点的安全生产和文明的具体要求 （4）容易发生工伤事故的工作地点、操作步骤和典型事故案例 （5）正确使用和保管个人防护用品 （6）发生事故以后的紧急救护和自救常识 （7）企业内常见的安全标志、安全色 （8）工段或班组的安全生产职责范围	由班组长负责

2. 特种作业人员安全教育

特种作业，是指容易发生人员伤亡事故，对操作者本人、他人及周围设施的安全有重大危害的作业。

（1）特种作业的内容。

①电工作业。

②金属焊接切割作业。

③起重机械（含电梯）作业。

④企业内机动车辆驾驶。

⑤登高架设作业。

⑥锅炉作业（含水质化验）。

⑦压力容器操作。

⑧制冷作业。

⑨爆破作业。

⑩矿山通风作业（含瓦斯检验）。

⑪矿山排水作业（含尾矿坝作业）。

⑫由省、自治区、直辖市安全生产综合管理部门或国务院作业主管部门提出，并经国家经济贸易委员会批准的其他作业。

（2）特种作业人员的培训内容。培训内容主要包括本工种的专业技术知识、安全教育和安全操作技能训练三个部分。

（3）特种作业人员的培训方式。特种作业人员的培训方式可以分为岗前培训和在岗培训两种。

①岗前培训。这种培训一般集中进行，以提高特种作业人员的操作技能。严把考试关，对考试合格者才能发给操作证，准予上岗操作。

②在岗培训。对所有取得操作证的特种作业人员，在生产中要加强安全监督和实施管理措施，并定期检查作业人员的操作技能，根据生产需要进行在岗培训。

3. "四新"和变换工种教育

"四新"和变换工种教育，是指采用新工艺、新材料、新设备、新产品时或员工调换工种时（因为产品调整、工艺更新，必然会有岗位、工种的改变），进行新操作方法和新工作岗位的安全教育。

（1）教育内容。"四新"安全教育由技术部门负责进行，其内容主要包括以下几点。

①新工艺、新产品、新设备、新材料的特点和使用方法。

②投产使用后可能导致的新的危害因素及其防护方法。

③新产品、新设备的安全防护装置的特点和使用方法。

④新制定的安全管理制度及安全操作规程的内容和要求。

（2）教育要求。"四新"和变换工种人员教育后且考试合格后，要填写"'四新'和变换工种人员安全教育登记表"（表3-6）。

表3-6　"四新"和变换工种人员安全教育登记表

原工种		变换工种		时间	
安全基本教育内容：					
教育内容提纲：					
主讲人		部门		职务 （职称）	
受教育者签名：					

①现场安全生产纪律和文明施工要求。

②危险作业部位及必须遵守事项。

③本工种安全操作规程要点和易发生事故的地方、部位及防范措施。

④明确岗位安全职责，个人防护用品的正确使用，有关防护装置、设施的使用和维护。

4.复工教育

复工教育是指员工离岗三个月以上的（包括三个月）和工伤后上岗前的安全教育。教育内容及方法和车间、班组教育相同。复工教育后要填写"复工安全教育登记表"。

5. 复训教育

复训教育的对象是特种作业人员。由于特种作业人员不同于其他一般工种，它在生产活动中担负着特殊的任务，危险性较大，容易发生重大事故。一旦发生事故，对整个企业的生产就会产生较大的影响，因此，必须进行专门的复训训练。按国家规定，每隔两年要进行一次复训，由设备、教育部门编制计划，聘请教师上课。企业应建立"特种作业人员复训教育卡"。

6. 全员安全教育

全员教育实际上就是每年对全厂员工进行安全生产的再教育。许多工伤事故表明，生产工人安全教育隔了一段较长时间后对安全生产会逐渐淡薄，因此，必须通过全员复训教育提高员工的安全意识。

企业全员安全教育由安技部门组织，车间、科室配合，可采用安全报告会、演讲会方式；班组安全日常活动以员工讨论、学习方式；由安技部门统一时间、学习材料，车间、科室组织学习考试的方式。考试后要填写"全员安全教育卡"。

7. 企业日常性教育

企业经常性安全教育。如定期的班组安全学习、工作检查、工作交接制等教育；不定期的事故分析会、事故现场说教、典型经验宣传教育等；企业应用广播、闭路电视、板报等工具进行的安全宣传教育。

8. 其他教育

（1）季节教育。结合不同季节中安全生产的特点，开展有针对性、灵活多样的超前思想教育。

（2）节日教育。节日教育就是在各种节假日的前后组织有针对性的安全教育。国内的各种统计表明，节假日前后是各种责任事故的高发时期，甚至可达平时的几倍，其主要原因是节假日前后员工的情绪波动大。

（3）检修前的安全教育。许多行业的生产装置都要定期大检修、小检修。检修安全工作非常关键。因为检修时，任务紧、人员多、人员杂、交叉作业多、检修项目多，所以要把住检修前的安全教育关，教育的内容包括动火、监火管理制度，设备进入制，各种防护用品的穿戴，检修十大禁令，进入检修现场的"五个必须遵守"规定（必须遵守厂规厂纪，必须安全生产培训考核合格后持证上岗作业，必须了解本岗位的危险危害因素，必须正确佩戴和使用劳动防护用品，必须严格遵守危险作业的安全要求）等。除此以外，检修人员、管理人员还要做到有安排、有计划、分工合理、项目清。

检查管理十大禁令
禁止超资质范围检修作业；禁止作业项目无委托施工；
禁止作业项目不挂牌确认；禁止作业项目超合同实施；
禁止作业项目用工不规范；禁止高危项目不执行方案；
禁止安环措施不到位开工；禁止定年修计划随意变更；
禁止供应商擅自项目分包；禁止项目主材甲传专乙供。

检修作业十不准。

①不准高处作业不系挂安全带。

②不准未办理委托手续、内容不清进行作业。

③不准未经安全教育、交底盲目作业。

④不准未经三方确认挂牌作业。

⑤不准无证人员从事特种作业。

⑥不准高处作业抛物或落物。

⑦不准无防护措施进行有毒有害作业。

⑧不准未经审批许可动火作业。

⑨不准酒后从事检修作业。

⑩不准违章指挥强令冒险作业。

◎ 安全教育的基本方法

以下四种安全教育方法，因其符合人的行为规律而具有普遍的指导意义。

1. 尽可能地给受教育者输入多种"刺激"

如讲课、参观、展览、讨论、示范、演练、实例等，使受教育企业安全生产管理规章制度教育者"见多""博闻"，增强感性认识，以求达到"广识"与"强记"。

2. 使受教育者形成安全意识

经过一次、两次、多次反复的"刺激"，促使受教育者形成正确的安全意识。

3. 使受教育者作出有利安全生产的判断与行动

判断是大脑对新输入的信息与原有意识进行比较、分析、取向的过程。行动是实践判断指令的行为。安全生产教育就是要强化原有安全意识，培养辨别是非、安危、福祸的能力，坚定安全生产行为。

4. 因人而异采取不同的教学方法

如对于各级管理人员，宜采用研讨法和发现法等；对于企业员工，宜采用讲授法、谈话法、访问法、练习法和复习法等；对于安全专职人员，则应采用讲授法、研讨法、读书指导法等。

◎ 特种作业人员安全教育

特种作业指的是在劳动过程中容易发生伤亡事故，对操作者和他人以及周围设施的安全有重大危害因素的作业。

1. 特种作业人员的要求

特种作业人员必须具备以下基本条件。

（1）年龄满 18 周岁。

（2）身体健康，无妨碍从事相应工种作业的疾病和生理缺陷。

（3）初中（含初中）以上文化程度，具备相应工种的安全技术知识，参加国家规定的安全技术理论和实际操作考核并成绩合格。

（4）符合相应工种作业特点需要的其他条件。

2. 特种作业人员的教育培训

特种作业人员必须接受与本工种相适应的、专门的安全技术培训，经过安全技术理论考核和实际操作技能考核合格，取得特种作业操作证后，方可上岗作业。

◎ 调岗与复工安全教育

1. 调岗工安全教育

（1）岗位调换。员工在车间内或厂内换工种，或调换到与原工作岗位操作方法有差异的岗位，以及短期参加劳动的管理人员等，这些人员应由接收部门进行相应工种的安全生产教育。

（2）教育内容。可参照"三级安全教育"的要求确定，一般只需进行车间、班组级安全教育。但调作特种作业人员，要经过特种作业人员的安全教育和安全技术培训，经考核合格取得操作许可证后方准上岗作业。

2.复工安全教育

复工安全教育的对象包括因工伤痊愈后的人员及各种休假超过3个月以上的人员。

（1）工伤后的复工安全教育。

①对已发生的事故作全面分析，找出发生事故的主要原因，并指出预防对策。

②对复工者进行安全意识教育，岗位安全操作技能教育及预防措施和安全对策教育等，引导其端正思想认识，正确吸取教训，提高操作技能，克服操作上的失误，增强预防事故的信心。

（2）休假后的复工安全教育。员工常因休假而造成情绪波动、身体疲乏、精神分散、思想麻痹，复工后容易因意志失控或者心境不定而产生不安全行为导致事故发生。

因此，要针对休假的类别，进行复工"收心"教育，也就是针对不同的心理特点，结合复工者的具体情况消除其思想上的余波，有的放矢地进行教育，如重温本工种安全操作规程，熟悉机器设备的性能，进行实际操作练习等。表3-7是某工厂的节后复工安全作业教育，仅供参考。

表3-7　节后复工安全作业教育

工段名称		时间	
施工班组		工种	
春节已过，班组施工人员及新增员工正投入工作现场。此阶段个人思想比较松散，易发生作业人员违章事故，因此必须要加强教育培训和管理，增强施工人员安全意识和技能，增强自我保护意识和能力。 （1）所有进场施工人员必须持证上岗。 （2）所有进场施工人员必须戴好安全帽，系好帽扣。每天上岗前各施工班组负责人需进行必要的安全交接。 （3）施工班组在现场严禁动用明火，在易燃部位放置消防器材。消防器材不准任意使用，不准任意移位。在现场严禁吸烟，禁止酒后作业。			

（4）在登高作业时使用的推车、撑梯（必须使用木梯子）必须平稳、牢固。在临边、洞口操作要进行必要围护，同时上下要兼顾，严禁上下抛物。 （5）穿线时必须戴防护眼镜，以防眼睛受伤。 （6）在施工过程中如不能正确判断有无安全性应立即停工汇报，待安全排除确认后方可施工。 （7）班组长不准违章指挥，施工人员不准违章作业。 （8）注意文明施工，随做随清，每天的操作垃圾集中到指定地点堆放。 （9）宿舍区域禁煮饭菜，并有专人负责宿舍内外卫生清洁工作。
受教育人签名

注　本表一式三份，一份留存，一份班组保存，一份交公司保管。

对于因工伤和休假等超过 3 个月的复工安全教育，应由企业各级分别进行。经过教育后，由劳动人事部门出具复工通知单，班组接到复工通知单后，方允许其上岗操作。对休假不足 3 个月的复工者，一般由班组长或班组安全员对其进行复工教育。

三、开展企业安全培训

◎员工安全训练要点

在所有员工中，最可能受到伤害的是新进员工。

因为新员工通常比老员工年轻和缺乏经验，而且通常未受过为能安全和有效地完成其新工作领域全部职责所需的培训，而公司的安全文化尚很难为新员工所完全理解，另外，新员工试图证明其自身价值，有时会冒许多不必要的风险。

因此，企业培训部门应密切地关注新进员工，做好班组层级的新进员工安全培训。

（1）配合新进人员的工作性质与工作环境，提供其安全指导原则，可避免意外伤害的发生。安全训练的内容如下。

①岗位操作规程。

②安全防护知识。

③各种事件的处理原则与步骤，紧急救护和自救常识。

④车间内常见的安全标志、安全色。

⑤遵章守纪的重要性和必要性。

⑥工作中可能发生的意外事件及事故案例。

⑦经由测试，检查员工对"安全"的了解程度。

（2）有效的安全训练可达到以下目标。

①新进人员感到在福利方面，已有肯定的保证。

②建立善意与合作的基础。

③可防止在工作上的浪费，以免造成意外事件。

④人员可免于时间损失，而增加其工作能力。

⑤可减少人员损害补偿费及医药服务费用的支出。

⑥对建立公司信誉极有帮助。

为对新员工的安全教育状况有一个确切的了解，企业通常会设计一些安全培训签到表（表3-8）、新员工入职三级教育记录卡（表3-9）等，班组长要留意这些记录。

表3-8　班组级安全培训签到表

日　期		地　点	
参加人员	新进人员	讲师	
主要内容： 　本班组的生产在线的安全生产状况，工作性质和职责范围，岗位工种的工作性质、工艺流程，机电设备的安全操作方法，各种防护设施的性能和作用，工作地点的环境卫生及尘源、毒源、危险机件、危险物品的控制方法，个人防护用品的使用和保管方法，本岗位的事故教训。			
参加人员一览表			

续表

序号	姓名	工号	工种	序号	姓名	工号	工种

表3-9　新进人员三级安全教育登记卡

姓名		性别		年龄		录用形式	
代号		编号		体检结果			
籍贯							

公司级教育（一级）	教育内容：国家、地方、行业安全健康与环保法规、制度、标准；本企业安全工作特点；工程项目安全状况；安全防护知识；典型事故案例等			
	考试日期		年　月　日	
	考试成绩		阅卷人		安全负责人

车间级（二级）	教育内容：本企业安全工作特点；工种专业技术要求；专业区主要危险作业场所及有毒有害作业场所的安全要求和环境卫生要求、文明施工要求
	考试日期 　　　　　　年　月　日
	考试成绩 　　　主考人 　　　安全负责人

班组教育（三级）	教育内容：本班组、工种安全施工特点、状况；施工所使用工具、机具性能和操作要领；作业环境、危险源的控制措施及个人防护要求、文明施工要求
	考试日期 　　　年　月　日
	掌握情况 　　　安全员

个人态度	
	年　月　日

准上岗人意见		批准人	

备注	

◎ 如何进行工伤急救培训

在生产现场作业中，经常会发生意外的人员伤害情况，企业培训部门必须培训教导员工了解基本的工伤紧急救援，把损失降到最低点。

1. 火伤急救

轻者用酒精涂抹灼伤处，重者须用油类，如蓖麻油、橄榄油与苏打水混合，敷于其上外加软布包扎，如水泡过大，不要切开；已破水的皮肤也不可剥去。

2. 皮肤创伤急救

（1）止血。

（2）清洁伤口，周围用温水或凉开水洗之，轻伤只要涂 2% 的红汞水。

（3）重伤用干净纱布盖上，用绷带绑起来。

3. 触电急救

救护前应以非导体木棒等将触电的人推离电线，切不可用手去拉，以免传电；然后解开衣纽，进行人工呼吸，并请医生诊治。局部触电，伤处应先用硼酸水洗净，贴上纱布。

4. 摔倒、中暑急救

将摔倒者平卧，胸衣解开，用冷水刺激面部，或用阿摩尼亚去臭。中暑者亦先松解衣服，移至阴凉通风处平躺，头部垫高，用冷湿布敷额胸，服用凉开水，呼吸微弱的可进行人工呼吸，醒后多饮清凉饮料，并送医院诊治。

5. 手足骨折急救

（1）为避免受伤部分移动，可先自制夹板夹住，最好用软质布棉作夹，托住伤处下部，长度足够及于两端关节所在，然后两边卷住手或脚，用布条或绷带绑紧。

（2）如为骨碎破皮，可用消毒纱布盖住骨部伤处，用软质棉枕夹住，立即送医院。

（3）如怀疑手或脚折断，不能让他（她）用手着力或用脚走路，夹板或绷带不可绑得太紧，以使伤处有肿胀余地。

◎ 如何进行生产用电安全培训

生产用电安全是基层管理的一个重要内容，班组长应该认真落实生产用电安全管理规范，认真培训教导员工安全用电知识和应急处理方法。

1. 用电制度告知

（1）严禁随意拉设电线，严禁超负荷用电。

（2）电气线路、设备安装应由持证电工负责。

（3）下班后，该关闭的电源应予以关闭。

（4）禁止私用电热棒、电炉等大功率电器。

2. 规范操作培训内容

（1）检查应拉合的开关和刀闸。

（2）检查开关和刀闸位置。

（3）检查接地线是否拆除，检查负荷分配。

（4）装拆接地线。

（5）安装或拆除控制回路或电压互感器回路的保险器，切换保护回路和检验是否确无电压。

（6）清洁、维护发电机及其附属设备时，必须切断发电机的"功能选择"开关，工作完毕后恢复正常。

（7）在高压室内进行检修工作，至少两人在一起工作，检测或检修电容和电缆前后应充分放电。

3. 事故处理方法

（1）变压器预告信号动作时，应及时查明原因，并马上报告上司。

（2）低压总开关跳闸时，应先把分开关拉开，检查无异常，试送总开关，再试送各分开关。

（3）油开关严重漏油时，应切断低压测负荷，才可进行掉闸。

（4）重瓦斯保护动作时，变压器应退出运行。

（5）容开关自动跳闸时，应退出运行，检查后，确认无异常情况方可试送。

◎ 如何进行消防安全教育培训

（1）用各种形式进行防火宣传和防火知识的教育，如创办消防知识宣传栏、开展知识竞赛等多种形式，提高员工的消防意识和业务水平。

（2）定期组织员工学习消防法规和各项规章制度，做到依法治火。

（3）对新工人和变换工种的工人，进行岗前消防培训，进行消防安全三级教育，经考试合格方能上岗位工作。

（4）针对岗位特点进行消防安全教育培训。对火灾危险性大的重点工种的工人要进行专业性消防训练，一年进行一次考核。

（5）对发生火灾事故的单位与个人，按"三不放过"的原则认真进行教育。

（6）对违章用火用电的单位和个人当场进行针对性的教育和处罚。

（7）各单位要在周五安全活动中组织员工认真学习消防法规和消防知识。

（8）对消防设施维护保养和使用人员进行实地演示和培训。

（9）对电工、木工、焊工、油漆工、锅炉工、仓库管理员等工种，除平时加强教育培训外，每年在班组进行一次消防安全教育。

（10）要对员工进行定期的消防宣传教育和轮训，使员工普遍掌握必要的消防知识，达到"三懂""三会"要求。

◎ 消防器具的使用与维护保养培训

什么是员工消防知识的"三懂""三会"？

"三懂"就是懂得本单位的火灾危险性，懂得基本的防火、灭火知识，懂得预防火灾事故的措施。

"三会"就是会报警、会使用灭火器材、会扑灭初起火灾。

班组常备的消防器具是灭火器。常见的灭火器有 MP 型、MPT 型、MF 型、MFT 型、MFB 型、MY 型、MYT 型、MT 型、MTT 型，这些字母所代表的意思是：M 表示灭火器，F 表示干粉，P 表示泡沫，Y 表示卤代烷，T 表示二氧化碳，有第三个字母 T 的是表示推车式，B 表示背负式，没有第三个字母的表示手提式。

下面介绍几种灭火器的使用与维护保养知识。

1. MP 型手提式化学泡沫灭火器

适用于扑救液体可熔融固体燃烧的火灾，如石油制品、油脂等火灾；也适用于固体有机物质燃烧的火灾，如木材、棉织品等物质的火灾；不能扑救带电设备、可燃气体、轻金属、水溶性可燃、易燃液体的火灾。

（1）使用方法。手提筒体上部的提环，迅速跑到火场。应注意在奔跑过程中不得使灭火器过分倾斜，更不可颠倒，以免两种药剂混合而提前喷出。

当距离着火点 10m 左右，即将筒体颠倒，一只手紧握提环，另一只手扶住筒体的底圈，让射流对准燃烧物。

在扑救可燃液体火灾时，如呈流淌状燃烧，则泡沫应由远向近喷射，使泡沫完全覆盖在燃烧液面上；如在容器内燃烧，应将泡沫射向容器内壁，使泡沫沿着内壁流淌，逐步覆盖着火液面。切忌直接对准液面喷射，以免由于射流的冲击，反而将燃烧的液体冲散或冲出容器，扩大燃烧范围。

在扑救固体物质的初起火灾时，应将射流对准燃烧最外猛烈处。

灭火时，随着有效喷射距离的缩短，使用者应逐渐向燃烧区靠近，并始终将泡沫溅射在燃烧物上，直至扑灭使用时始终保持倒置状态，否则将会中断喷射。

不可将筒底对准下巴或其他人，以免危及生命。

（2）维护保养。存放时，不可靠近有高温的地方，以防碳酸氢钠分解出二氧化碳而失效；严冬季节要采取保暖措施，以防冰冻，并应经常疏通喷嘴，使之保持畅通。最佳存放温度为 4 ~ 5℃。

使用期在两年以上的，每年应送请有关部门进行水压试验，合格后方可继续使用，并在灭火器上标明试验日期。每年要更换药剂，并注明换药时间。

2. 二氧化碳灭火器

适用于扑救 600V 以下的带电电器、贵重设备、图书资料、仪器仪表等场所的初起火灾，以及一般的液体火灾；不适用扑救轻金属火灾。

（1）使用方法。灭火时只要将灭火器的喷筒对准火源，打开启闭阀，液态的二氧化碳立即气化，并在高压作用下，迅速喷出。

但应该注意二氧化碳是窒息性气体，对人体有害，在空气中二氧化碳含量达到 8.5% 时，会发生呼吸困难，血压增高；二氧化碳含量达到 20%~30% 时，呼吸衰弱，精神不振，严重的可能因窒息而死亡。因此，在空气不流通的火场使用二氧化碳灭火器后，必须及时通风；在灭火时，要连续喷射，防止余烬复燃，不可颠倒使用。

二氧化碳是以液态存放在钢瓶内的，使用时液体迅速气化吸收本身的热量，使自身温度急剧下降到 -78.5℃左右。利用它来冷却燃烧物质和冲淡燃烧区空气中的含氧量以达到灭火的效果。所以在使用中要戴上手套，动作要迅速，以防止冻伤。如在室外，则不能逆风使用。

（2）维护保养。二氧化碳灭火器应放置明显、取用方便的地方，不可放在采暖或加热设备附近和阳光强烈照射的地方，存放温度不要超过 55℃。

定期检查灭火器钢瓶内二氧化碳的存量，如果重量减少十分之一时，应及时补充罐装。

在搬运过程中，应轻拿轻放，防止撞击。在寒冷季节使用二氧化碳灭火器时，阀门（开关）开启后，不得时启时闭，以防阀门冻结。

灭火器每隔5年送请专业机构进行一次水压试验，并打上试验年、月的钢印。

◎ 如何预防火灾的发生

1. 控制和消除着火源

实际生产、生活中常见的火源有生产用火、火炉、干燥装置（如电热干燥器）、烟筒（如烟囱）、电器设备（如配电盘、变压器等）、高温物体、雷击、静电等。这些火源是引起易燃易爆物质着火爆炸的常见原因，控制这些火源的使用范围和与可燃物接触，对于防火防爆是十分重要的。通常采取的措施有隔离、控制温度、密封、润滑、接地、避雷、安装防爆灯具、设禁止烟火的标志等。

例如，在日常生产中就要谨慎用火，不要在易燃易爆物品周围使用明火；要注意着火源与可燃物隔离，灯具等易发热物品不能贴近窗帘、沙发、隔离木板等易燃物品；在配电盘下不许堆放棉絮、泡沫等易燃物品；要养成好的用火习惯，不乱扔火种烟蒂；易产生高温、发热的电器设备在使用过后要随手关闭电源，防止温度过高自行燃烧；一些易产生静电的电器设备应采取接地和避雷设施；在油库、液化气库及开那水等易挥发危险物品的存储空间均应用防爆措施，避免电器设备在使用中产生的火花点燃危险物品而酿成火灾。

2. 控制可燃物和助燃物

根据不同情况采取不同措施。如在建筑装修用品的选择中，以难燃或不燃的材料代替易燃和可燃材料；用不燃建材代替木材造房屋；用防火涂料浸涂可燃材料，提高其耐火极限。

对化学危险物品的处理，要根据其不同性质采取相应的防火防爆措施。如黄磷、油纸等自燃物品要隔绝空气储存；金属钠、金属钾、磷粉等遇湿易燃物品要防水防潮等。

3. 控制生产过程中的工艺参数

工业生产特别是易燃易爆化学危险物品的生产，正确控制各种工艺参数，防止超温、超压和物料跑、冒、滴、漏，是防止火灾爆炸事故的根本措施。

防止超温采取除去反应热、防止搅拌中断、正确选择传热介质等；投料方面应严格控制投料速度、投料配比、投料顺序、原料纯度等。

4.防止火势蔓延

对危险性较大的设备和装置，应采用分区隔离的方法；安装安全防火防爆设备，如安全液封、阻火器、单向阀、阻火阀门等。

◎ 扑救初起火灾的简易方法

1.隔断可燃物

（1）将燃烧点附近可能成为火势蔓延的可燃物移走。

（2）关闭有关阀门，切断流向燃烧点的可燃气和液体。

（3）打开有关阀门，将已经燃烧的容器或受到火势威胁的容器中的可燃物料通过管道疏导至安全地带。

（4）采用泥土、黄沙筑堤等方法，阻止流淌的可燃液体流向燃烧点。

2.冷却

冷却的主要方法是喷水或喷射其他灭火剂。

（1）本单位（地区）如有消防给水系统、消防车或泵，应使用这些设施灭火。

（2）本单位如配有相应的灭火器，则使用这些灭火器灭火。

（3）如缺乏消防器材设施，则应使用简易工具，如水桶、面盆等传水灭火。如水源离火场较远，到场灭火人员又较多，则可将人员分成两组，采取接力供水方法，即：一组向火场传水，另一组将空容器传回取水点，以保证源源不断地向火场浇水灭火。但必须注意：对忌水物资切不可用水扑救。

3.窒息

（1）使用泡沫灭火器喷射泡沫覆盖燃烧物表面。

（2）利用容器、设备的顶盖覆盖燃烧区，如盖上油罐、油槽车、油池、油桶的顶盖。

（3）油锅着火时，立即盖上锅盖。

（4）利用毯子、棉被、麻袋等浸湿后覆盖在燃烧物表面。

（5）用沙、土覆盖燃烧物。对忌水物质则必须采用干燥沙、土扑救。

4.扑打

对小面积草地、灌木及其他可燃物燃烧，火势较小时，可用扫帚、树枝条、衣物扑打。但应注意，对容易飘浮的絮状粉尘等物质则不可用扑打方法灭火，以防着火的物质因此飞扬，反而扩大灾情。

5. 断电

（1）如发生电气火灾，火势威胁到电气线路、电器设备，或威胁到灭火人员安全时，首先要切断电源。

（2）如使用一般的水、泡沫等灭火剂灭火，必须在切断电源以后进行。

6. 阻止火势蔓延

（1）对密闭条件较好的小面积室内火灾，在做好灭火准备前，先关闭门窗，以阻止新鲜空气进入。

（2）与着火建筑相毗连的房间，先关上相邻房门；可能条件下，还应再向门上浇水。

7. 防爆

（1）将受到火势威胁的易燃易爆物质、压力容器、槽车等疏散到安全地区。

（2）对受到火势威胁的压力容器、设备应立即停止向内输送物料，并将容器内物料设法导走。

（3）停止对压力容器加温，打开冷却系统阀门，对压力容器设备进行冷却。

（4）有手动放空泄压装置的，应立即打开有关阀门放空泄压。

◎ 安全教育培训管理

企业安全教育培训要在高级领导下，认真制订切合岗位实际的教育培训计划，由车间主任具体负责认真组织抓好落实。

1. 教育对象

新调入班组的员工(包括学徒工、临时工、合同工、代培、实习生)和变换工种的员工，在经厂级安全教育后，必须进行班组教育并对教育情况进行登记。

2. 现场教育

班组教育要结合本班组的生产特点、作业环境、危险区域、设备状况、消防设施等进行。重点介绍高温、高压、易燃易爆、有毒有害、腐蚀、高空作业等方面可能导致发生事故的危险因素，交代本班组容易出现事故的部位和典型事故案例的剖析。

3. 专业技术教育

讲解各工种的工艺流程、安全操作规程和岗位责任，教育班组成员自觉遵守安全操作规程（做到"四懂"——懂设备性能、懂设备构造、懂设备原理、懂工艺流程；"三会"——会操作、会维护保养、会排除故障），不违章作业；爱护和正确使用机器设备和工具；介绍各种安全活动以及作业环境的安全检查和交接班制度。告诉新工人出了事故或发现了事故隐患，应及时报告，采取措施整改。

4.防护教育

讲解如何正确使用爱护劳动保护用品和文明生产的要求，发生事故以后的紧急救护和自救常识。

5.安全操作示范

组织重视安全、技术熟练、富有经验的老工人进行安全操作示范，边示范、边讲解，重点讲安全操作要领，说明怎样操作是危险的，怎样操作是安全的，不遵守操作规程将会造成的严重后果。

6.标志、标识教育

企业、车间、班组内常见的安全标志、安全色介绍。

7."四新"教育

新工艺、新产品、新设备、新材料的特点和使用方法；投产使用后可能导致的危害因素及其防护方法；新制定的安全管理制度及安全操作规程的内容和要求等。

同时，要强调遵章守纪的重要性和必要性。班组安全教育时间要根据情况自行确定，经考核合格后方可上岗。

四、开展安全活动

◎安全科技活动

1.范围

安全科技活动包括技术及工艺的本质安全化，标准化车间、班组和岗位建设、应急预案、应急演习、"三治"工程（治尘、治毒、治烟）、"三点"控制（事故多发点、危险点、危害点）、隐患整治、"绿色岗位"建设等。

本质安全，狭义的概念是通过设计手段使生产过程和产品性能本身具有防止危险发生的功能，即使在误操作的情况下来说也不会发生事故。广义的角度来说就是通过各种措施（包括教育、设计、优化环境等）从源头上堵住事故发生的可能害化，即使出现人为失误或环境恶化也能有效阻止事故发生，使人的安全健康状态得到有效保障。

2. 技术及工艺的本质安全化

通过先进的科学技术手段，改进生产设备及生产工艺，以提高各种条件下人机界面的安全性，从而实现本质安全。

3. 标准化建设

标准化建设指对车间、班组、岗位进行安全标准化作业建设。标准化作业活动的内容包括：制定作业标准、落实作业标准和对作业标准进行监督考核。

4. 应急预案

应急预案指对企业可能发生的火灾、爆炸、泄漏等事故，设计应急实施方案。目的是根据危险性级别，能够达到快速反应，高效应付。

5. 应急演习

应急演习包括火灾应急演习、爆炸应急演习、泄漏应急演习等。

（1）火灾应急演习是按照应急预案模拟发生火灾时车间各岗位人员的逃生、财产的救护、消防器材的正确使用等技能的演习。

（2）爆炸应急演习是对可能发生爆炸事故的车间按照应急预案进行模拟的应急处理、逃生等演习。

（3）泄漏应急演习是针对可能发生毒物泄漏的单位，按照应急预案进行现场应急处理的演习。

6. "三治"工程

"三治"指治烟、治尘、治毒。通过采用各种新技术、新方法，落实安全生产的工程技术对策，尽力实现物态的本质安全化。

7. "三点"控制

"三点"控制是指对事故多发点、事故危险点、尘毒危害点进行重点控制。

以车间或岗位为单位，进行有目标、责任明确的分级管理，使危险性和危害性严重的生产作业点得到有效的控制。

8.隐患整治

隐患整治指通过技术革新、改造工艺，对生产技术及工艺中存在的隐患按其严重程度有计划地分期、分批进行改造、整治（LEC法）。

> LEC法又叫格雷厄姆评价法，是一种简单易行的评价操作人员在具有潜在危险性环境中作业时的危险性、危险性的半定量评价方法。格雷厄姆评价法，是用与系统风险有关的三种因素指标值的乘积来评价操作人员伤亡风险大小，这三种因素分别是：L（事故发生的可能性）、E（人员暴露于危险环境中的频繁程度）和C（一旦发生事故可能造成的后果）。

◎安全管理活动

安全管理活动包括全面安全管理、"四全"安全管理、"三群"对策、"三责任"制、系统管理工程、无隐患管理、"定置"管理、"5S"活动、保险对策等。

1.全面安全管理

全面安全管理是通过安全文件建设，定员、定岗、定责的方式进行责任制建设以及各种法规文件、技术标准建设。如表3-10所示。

表3-10　部门安全活动记录

日期	活动内容	参与人员	活动地点	记录人

2."四全"安全管理

"四全"指全员、全面、全过程、全天候，通过动员全体员工实现"四全"管理，以实现人人、处处、时时把安全放在首位。

3."三群"对策

指安全生产推行群策、群力、群管。群策：人人献计献策；群力：人人遵章守纪；群管：人人参与监督检查。

4."三责任"制

指通过各种教育手段，学习规程、制度，从文化精神的角度激励情感，从行政与法制的角度明确"三责任"，向员工负责、向家人负责、向自己负责。

5. 系统管理工程

指通过专题研究、分析报告的方式对人员、设备、环境进行安全性分析，制定出相应对策从而找出问题，提出整改措施。

6. 无隐患管理

无隐患管理是指在企业安全管理工作中，自下而上地以"无隐患"作为完全管理的目的，通过对隐患分类、分级、建档、报表、统计、分析、目标等手段，对生产过程中的隐患进行有目标的控制性管理。并以对隐患的查找与消除的程度及其效益作为评价安全工作的重要考核指标。

7."定置"管理

指通过严格的标准化设计和建设要求规范，实施生产设计工具的物态和员工操作行为管理对工作车间（岗位）和员工操作行为进行定置管理。目的是创造良好的生产物态环境，使物态环境隐患得以消除；控制人员作业操作过程的空间行为状态，使行为失误减少和消除。

8."5S"活动

"5S"是指整理、整顿、清扫、清洁、态度，通过"5S"活动以改变工作环境，养成良好的工作习惯和生活习惯，达到提高工作效率、员工素质，确保安全生产的目标。

9. 保险对策

指通过研究、分析对比、投保的方式对比分析保险效果、进行研究，提出新的对策，以达到有效投保、提高安全投资效益的目的。

◎ 安全宣传活动

1. 标志建设

通过安全标语（旗）、安全标志（禁止标志、警告标志、指令标志）、事故警示牌等对员工进行宣传、警示，强化意识的教育。

2. 传统宣传活动

传统宣传活动包括安全宣传墙报、安全生产周（日、月）、安全竞赛活动、安全演讲比赛、事故报告会等。

3. 现代宣传活动

安全文艺（晚会、电影、电视）活动、安全文化月（周、日）、安全贺年（个人）活动、安全宣传的"三个一工程"（一场晚会、一幅新标语、一块墙报）、青年员工的"六个一工程"（查一个事故隐患、提一条安全建议、创一条安全警语、讲一件事故教训、当一周安全监督员、献一笔安全经费）等。

第四章

安全生产日常管理

一、企业安全生产日常管理要点

◎做好交接班工作

做好交接班工作具体就是做好以下工作。

1. 交工艺

当班人员应对管理范围内的工艺现状负责，交班时应保持正确的工艺指标，并向接班人员交代清楚。

2. 交设备

当班人员应严格按工艺操作规程和设备操作规程认真操作，对管辖范围内的设备状况负责，交班时应向接班人员移交完好的设备。

3. 交卫生

当班人员应做好设备工作场所的清洁卫生，交班时交接清楚。

4. 交工具

交接班时，工具应摆放整齐，无油污、无损坏、无遗失。

5. 交记录

交接班时，设备运行记录、工艺操作记录、维修记录等应真实、准确、整洁。

凡上述交接事项不合格时，接班人有权拒绝接班，并应向管理层反映。

由车间主任（班组长）或岗位负责人填写交接班日记，其内容为：生产任务完成情况，质量情况，安全生产情况，工具、设备情况（包括故障及排除情况）；安全隐患及可能造成的后果、注意事项、遗留问题及处理意见，车间或上级的指示；交接班记录定期存档备查。

◎认真实施安全检查

企业要根据工作现场、岗位，编制符合规定的"安全检查表"，明确检查项目、存在问题及处理措施。

（1）检查设备的安全防护装置是否良好。防护罩、防护栏（网）、保险装置、联锁装置、指示报警装置等是否齐全灵敏有效，接地（接零）是否完好。

（2）检查设备、设施、工具、附件是否有缺陷和损坏；制动装置是否有效，安全间距是否合乎要求，机械强度、电气线路是否老化、破损、超重吊具与绳索是否符合安全规范要求，设备是否带"病"运转和超负荷运转。

（3）检查易燃易爆物品和剧毒物品的储存、运输、发放和使用情况，是否严格执行了易燃、易爆物品和剧毒物品的安全管理制度，通风、照明、防火等是否符合安全要求。

（4）检查生产作业场所和施工现场的不安全因素。安全出口是否通畅，登高扶梯、平台是否符合安全标准，产品的堆放、工具的摆放、设备的安全距离、操作者安全活动范围、电气线路的走向和距离是否符合安全要求，危险区域是否有护栏和明显标志等。

（5）检查有无忽视安全技术操作规程的现象。比如：操作无依据、没有安全指令、人为的损坏安全装置或弃之不用，冒险进入危险场所，对运转中的机械装置进行注油、检查、修理、焊接和清扫等。

（6）检查有无违反劳动纪律的现象。比如：在作业场所工作时间开玩笑、打闹、精神不集中、酒后上岗、脱岗、睡岗、串岗；滥用机械设备或车辆等。

（7）检查日常生产中有无误操作、误处理现象。比如：在运输、起重、修理等作业时信号不清、警报不鸣；对重物、高温、高压、易燃、易爆物品等作了错误处理；使用了有缺陷的工具、器具、起重设备、车辆等。

（8）检查个人劳动防护用品的穿戴和使用情况。比如：进入工作现场是否正确穿戴防护服、帽、鞋、面具、眼镜、手套、口罩、安全带等；电工、电焊工等电气操作者是否穿戴超期绝缘防护用品、使用超期防毒面具等。

（9）其他需要检查的内容。

◎注重安全隐患整改

要针对日常检查中发现的安全隐患及不安全因素，建立并落实事故隐患整改制度。

（1）各部门对本部门安全隐患整改工作全面负责。在基层，班组长对本班组安全隐患整改工作全面负责，副班组长、安全员协助班组长做好管理、监督和统计上报工作，班组成员全力配合，确保安全隐患按期整改到位。

（2）各部门要根据"安全检查表"中发现的潜在危险及时处理；不能处理的，填写"隐患整改追踪记录卡"（表4-1），按照安全隐患的严重程度、解决难易程度逐级上报，在上级领导下积极整改。

（3）安全隐患整改要坚持及时有效、先急后缓、先重点后一般、先安全后生产的原则。

（4）对存在安全隐患的作业场所，要坚持"不安全不生产"的原则，制订切实可行的防范措施，无整改措施不准生产。

（5）安全隐患整改要实行逐级销号。对按期整改的安全隐患，要逐级进行销号；对未按期整改的安全隐患，要重点监控，确保彻底整改。

（6）因安全隐患整改治理不及时、导致事故发生，在安全隐患责任区内确认事故责任，严肃处理。

"隐患整改追踪记录卡"的使用和内容如下。

根据"安全检查表"中发现的安全隐患或不安全因素，不能处理的，在采取防范措施的同时，认真填写"隐患整改追踪记录卡"，一式三份或三联，一份交包修组负责人签字后退回备查，一份安排检修，一份交车间领导签字后退包修组备查。包修组无法处理的，将余下的两份"隐患整改追踪记录卡"报车间领导，一份车间安全员备案后安排检修或上报厂部（车间无法处理的）。"隐患整改追踪记录卡"在哪个环节受阻，就由哪个环节承担其事故责任。

表4-1 隐患整改追踪记录卡

填报单位		填报时间	年 月 日
填报人姓名			
存在的隐患		确认依据	
收卡领导签字	维修班组长	（签字） 年 月 日	
	车间领导	（签字） 年 月 日	
	其他领导	（签字） 年 月 日	
整改要求			

续表

整改负责人	（签字） 年 月 日		
完成情况（完成时间、工时、材料费；或上报车间、厂）			
销卡	（岗位验收或列入安措、技改、大修等项目）		

◎ 及时进行设备保养及维修

1. 设备保养实行三级保养制和重点检查相结合的制度

一级保养：日常维护保养。主要包括定期检查、清洁和润滑，发现小故障及时排除，及时作好巡检工作以及必要记录。

二级保养：设备维修人员按计划进行的设备保养工作。主要包括对设备进行局部解体，进行清洗、调整，按照设备磨损规律进行定期保养。

三级保养：设备维修人员按计划对设备进行全面清洗、部分解体检查和局部修理，更换或修复局部磨损件，使设备能达到完好状态。

设备重点检查：根据要求用检测仪表或人的感觉器官，对设备的某些关键部位进行的有异状的检查。通过日常重点检查和定期重点检查，及时发现设备的隐患，避免和减少突发故障，提高设备的完好率。

2. 设备维修进行分级管理

零星维修工程：对设备进行日常的检修及人为排除故障而进行的局部修理。通常需要修复、更换少量易损零部件，调整较少部分机构和精度。

中修工程：对设备进行正常的定期的全面检修，对设备部分解体修理和更换少量磨损零部件，保证设备恢复和达到应有的标准和技术要求。更换率一般在 10% ~ 30%。

大修工程：对设备进行定期的全面检修，对设备要全部解体，更换主要部件和修理不合格零部件，使设备基本恢复原有性能。更换率一般超过 30%。

设备更新和技术改造：当设备使用一定年限后，技术性能落后、效率低、耗能大、污染问题多，需进行更新，提高和改善技术性能。

3. 设备保养和维修的原则

（1）以预防为主，坚持日常保养与计划维修并重，使设备经常处于良好状态。

（2）对所有设备做到"三好""四会"和"五定"。

"三好"是指用好、修好和管理好重要设备。

"四会"是指维修人员对设备要会使用、会保养、会检查、会排除故障。

"五定"是指对主要生产设备的清洁、润滑、检修要做到定量、定人、定点、定时和定质。

（3）实行专业人员修理和使用操作人员修理相结合，以专业修理为主，提倡使用人员参加日常的保养和维修。

（4）完善设备管理和定期维修制度，制定科学的保养规程，完善设备资料和维修登记卡片制度，制订合理的定期维修计划。

（5）修旧利废，合理更新，降低设备维修费用，提高经济效益。

◎严格危险作业审批

1. 什么是危险作业

危险作业是指对周围环境具有较高危险性的活动。

根据中华人民共和国《民法通则》的规定，高度危险作业包括高空、高压、易燃、易爆、剧毒、放射性、高速运输工具等，这些作业都对周围环境有高度危险性。

2. 高度危险作业的认定

高度危险作业的认定，必须具备以下几个条件。

（1）必须是对周围环境有危险的作业。

（2）必须是在活动过程中产生危险性的作业。

（3）必须是需要采取一定的安全方法，才能进行活动的作业。

3. 危险作业范围界定

（1）高处作业（无固定栏杆、平台且高于基准坠落面2m）。

（2）带电作业。

（3）禁烟火范围内进行的明火或易燃作业。

（4）爆破或有爆炸危险的作业。

（5）有中毒或窒息危险的作业。

（6）危险的起重运输作业。

（7）其他有较大危险可能导致重伤以上事故的作业。

4.危险作业审批规定

（1）凡属从事危险作业范围内工作的班组，经企业安办审查现场检查后提出方案，填写"危险作业申请单"一式二份，主管领导批准后方可作业。

（2）特殊情况无法履行审批手续时，现场应有专人负责安全工作，并有具体的安全措施，在情况允许后立即通知企业安办并补办审批手续。

（3）企业安办应及时对危险作业点进行现场调查，作业时应派人或布置安全值班人员做重点检查。

（4）班组应认真遵守执行此制度，未执行者按违章作业处理。

◎严格特种作业人员管理

（1）从事特种作业人员必须年满18周岁。身体健康，没有妨碍从事本工种作业的疾病和生理缺陷，初中以上文化水平，具有基本操作技能，方能独立操作。

（2）特种作业人员必须经有资质的专业培训机构进行安全技术培训，理论与操作考试合格，取得"特种作业操作证"后方准上岗作业。

（3）已取得"特种作业操作证"的人员，必须按照规定时间进行复审。复审合格后，方可上岗作业。

（4）加强对特种作业人员的安全技术管理。经常检查特种作业人员的安全操作，严格实行凭证操作制度，无证者一律不准进行特种作业。

（5）对安排无证人员进行特种作业的，发生事故，依法追究相关人员的责任。

◎开展企业安全日活动

企业每月开展一次安全日活动，班组每周组织一次安全日活动，真正达到员工自我教育、自我管理的目的，使班组安全日活动制度化、规范化。

（1）学习安全生产文件、安全管理制度、安全操作规程及安全技术知识，总结一周的安全生产情况，提出进一步搞好安全生产的对策和要求。

（2）结合上级下发的事故通报，组织分析、讨论事故原因和预防措施，举一反三，吸取教训。

（3）根据事故预案和操作规程的要求，进行生产异常情况紧急处理能力的培训和演练，定期开展防火、防爆、防中毒和自我保护能力的训练。

（4）定期进行安全技术操作法等安全知识的学习和考试。

（5）进行安全座谈，就安全管理和隐患整改等内容提出合理化建议等。

（6）安全日活动要做到有领导、有内容、有记录【即班组安全日活动记录】，安全管理部门要定期检查。

（7）车间领导必须参加班组安全日活动，公司、厂的处室以上领导也要定期参加基层班组的安全日活动，公司领导每季度参加一次；分管领导、车间主任每月参加一次，并认真做好记录。

（8）充分发挥班组兼职安全员的作用，落实班组安全员的安全职责，提高活动效果。

（9）安全管理部门要做好日常检查和考核，并将其纳入经济责任制考核当中。

◎正确处理紧急事故

紧急事故处理程序是企业应急救援预案的重要内容之一，其首要任务是采取有效措施控制和遏制事故，防止事故扩大到附近的其他设施，以减少伤害。

（1）由企业制定现场紧急事故处理程序，各部门、各班组抓好落实。

（2）根据部门、班组实际，定期进行修订完善，加强演练。

（3）发生事故后，车间主任、安全员应立即将事故发生的时间、地点、原因、经过等情况向上级进行报告，视事故情况进行救援或组织撤离。

（4）撤离时，沿具有清晰标志的撤离路线到达预先指定的集合点。

（5）车间主任应指定专人记录所有到达集合点的工人，并将此信息向上级进行报告和保存。

（6）因节日、生病和当时现场人员的变化，需根据不在现场人的情况，随时更新上报所掌握的人员名单。

（7）紧急状态结束后，控制受影响地点的恢复。

◎ 建立班前班后会议制度

1. 班前安全会的基本要求及事前准备

（1）班前安全会的基本要求。

①在所有班组中，无论是正常交接班，还是安排临时、重大作业前，凡两人以上（含两人）在同一工作场所作业的，必须由班组长（或临时负责人）负责对员工进行班前安全讲话。

②每次安全讲话时间要控制在 5 ～ 8min 以内。讲话前，讲话人要结合与本岗位有关的各因素，事前做好充分的讲话准备，最好用讲话稿讲话，并保留讲话稿。

（2）班组长的事前准备。班组长在召开班前安全会前，需要做好事前准备，主要包括事项见表 4-2。

表 4-2　班组长的事前准备事项

序号	事项	具体说明
1	提前到现场了解情况	（1）查看上一班的记录，认真听取上一班班长交接班情况，详细记录上班是否有不正常情况，掌握第一手材料 （2）与部门（车间）领导联系，是否有重要制度或会议精神、文件需要传达，领导是否需要参会
2	认真整理准备会议内容	班组长在开会前要将上一班的安全、工艺、设备、生产状况等方面存在的问题及经验进行归纳，客观、全面、细致地总结，对存在的问题要认真分析，拿出解决问题的具体办法，确保本班不再发生类似现象

2. 班前安全会流程

（1）班前签到。当班人员必须在班前 15min 到齐，班组长或指定考勤员组织当班人员签到，作为考勤的依据。通常要求在 3min 内完成。

（2）列队、检查仪表及劳保用品的穿戴。

①由班组长（或其他讲话人）组织员工列队。

②由班组长（或其他讲话人）目视观察（确认）员工人数、表情（情绪）和

劳动保护用品的穿戴情况，如有不符合着装规定人数较多的班组，班组长可以让员工相互整理；人数较少的班组，如 3 人以下，班组长可以亲自为员工整理。凡精神状态不佳者，班组长均应引起足够的重视，对其工作安排要有所考虑或另作调整使用。

（3）传达精神。按照上级要求传达上级会议精神，或者学习某个文件、材料。

（4）安全提示。本班当日作业前安全预测及防范措施，设备在使用中可能出现的隐患及预防措施，提示周边和自然环境、气候变化可能出现的风险及预防措施等。

（5）工作布置。

①明确本班员工当班的主要工作任务（包括加油、保洁、整理物品、学习）。

②明确本班员工岗位职责。

③明确本班员工在发生或出现突发事故时的分工。

对于班前会，如果企业没有一个规定的模式或流程的话，班组长可以自己整理出一个流程，这样，每次开班前会就很规范、很正式，班组成员也就会真正地重视班前会，表 4-3 是某公司班前会的流程、内容、标准及时间要求，仅供参考。

表 4-3　班前会的流程、内容、标准及时间要求

序号	阶段名称	工作内容	实施标准	时间要求
1	班前准备	（1）确认本班当日生产计划、型号、时间、材料及备货等要求	任务细化分配到每个岗位每名员工	上班前
		（2）确认上班生产情况	收集上班质量、安全、环境问题的通报材料	上班前
		（3）检查现场设备、工器具、交接班记录及环境	现场巡视记录并组织通报材料	上班前
		（4）收集事故通报、学习文件、现场案例等	相关文件、素材、材料整理，组织发言材料	上班前

序号	阶段名称	工作内容	实施标准	时间要求
2	班前会集合	（1）集合	班组全员在班前5min到班组活动室集合	班前5min
		（2）班组长检查着装、劳保用品穿戴、人员出勤、上岗证等	劳防用品及着装规范、上岗证及操作证随时佩戴等，准时出勤	20s检查完毕
		（3）班组长观察班组人员情况	观察员工精神状态，是否精神恍惚，是否熬夜，是否感冒生病，是否喝酒等	10s观察完毕
3	班前会	（1）班前点名，记录考勤	班组长宣读姓名，班组成员听到后喊"到"，声音洪亮，保证每位员工听清楚	40s完成
		（2）喊口号或唱厂歌、会前破冰活动	班组长带头，重复三次，统一口号	15s完成
		（3）宣布班前会开始，公布上班现场情况和存在的问题，如产量、质量、安全、设备、环境、交接班情况等并对存在的不足和要求的整改措施进行讲解分析	简洁扼要，数据为主，着重强调问题	1min
		（4）学习公司文件或会议精神，传达部门（车间）要求	文件学习要有记录和人员签到	2min
		（5）工作部署，今日生产品种、产量、质量及时间要求，依据当班工作内容向组员进行安全预知教育及注意事项和可能发生的问题与对策	工作布置要按5WIH要求表述清晰明确并与员工确认，安全预知等要针对实际生产，有针对性	1min

序号	阶段名称	工作内容	实施标准	时间要求
3	班前会	（6）安全工作提醒宣贯，事故通报、岗位规程、应急预案、危险源讲解、异常情况处理等	要求每班内容都不一样，每两周可重复强调一次	1min
		（7）宣传和讲解生产工作操作注意事项，明确注意的事项和处理方法	根据近一时期生产出现的问题给予强调	1min
		（8）班组长带领组员齐喊口号或唱厂歌，宣布结束，员工签字确认后回岗位工作，班组长按要求记录台账并放于指定区域	班组长带头，唱厂歌一遍或喊口号三遍，口号统一、声音整齐响亮，签字确认后方可回岗位，台账放置在指定的区域	40s

3. 班前安全会的召开

（1）班组长要对本班组的情况心中有数。要提前进入工作现场，查看上一班的记录，认真听取上一班班长交接班情况，注意问清上一班是否有不正常情况，掌握第一手材料，为开会做准备。

（2）开会前要认真整理准备会议内容。将上一班或一天的安全方面存在的问题及经验进行归纳，客观全面细致地总结，对存在的问题要认真分析，拿出解决问题的具体办法，确保本班组不再发生类似问题，实现安全生产。

（3）调动本班组员工积极发言。开班前、班后会时要调动员工的积极性，让班组成员汇报自己一天的安全生产情况和所发现的问题，针对存在的问题，进行认真讨论，找出症结，加以解决。

（4）安排部署班组任务要具体。针对本班组的实际情况，制订切实可行的安全工作计划，按照岗位的特点具体量化分解，落实到每个岗位和每位员工身上，进一步增强员工的压力感和紧迫感，使安全工作落到实处。

（5）以案例为素材，做到警钟长鸣。班组长在学习贯彻上级安全文件的同时，要大量搜集事故典型材料，作为教育员工的素材，向员工讲授，使他们举一反三。用典型的事故案例，给员工敲响警钟，让员工从中受到启发，时刻绷紧安全这根弦，有效地预防和控制事故的发生。

4. 班后会的基本要求及主要内容

（1）班后会的基本要求。

①必须全员参加，对迟到或未参加班后会的人员，事后要及时补会。

②召开时间不要太长，通常为 10min。

（2）班后会的主要内容。班组长在召开班后会时，要熟悉班后会的主要内容如下。

①简明扼要地小结当天完成的生产任务和执行安全规程的情况，既要肯定好的方面，又要找出存在的问题和不足。

②对工作中认真执行规程制度、表现突出的员工进行表扬，对违章指挥、违章作业的员工视情节轻重和造成后果的大小，提出批评或进行考核处罚。

③对人员安排、作业（操作）方法、安全事项提出改进意见，对作业（操作）中发生的不安全因素、现象提出防范措施。

④要全面、准确地了解实际情况，使得总结讲评具有说服力。

⑤注意工作方法，做好"人"的思想工作。以灵活机动的方式，激励员工安全工作的积极性，增强自我保护能力，帮助他们端正态度，克服消极情绪，以达到安全生产的共同目的。

5. 做好班前班后会安全记录

班组长在召开班前班后会时，一定要做好安全记录，以备查看。

◎实行员工安全互保、联保

（1）企业实行安全互保制，互保对象要明确，有图表或文字确认。

（2）工作前，车间主任应根据出勤情况和人员变动情况，明确互保对象，不得遗漏。

（3）在每一项工作中，工作人员形成事实上的互联保，应履行互保、联保职责。

（4）发现对方有不安全行为与不安全因素、可能发生意外情况时，要及时提醒纠正，工作中要呼唤应答。

（5）工作中根据工作任务、操作对象合理分工，互相关心、互创条件。

（6）工作中要互相提醒、监督，严格执行劳动防护用品穿戴标准，严格执行安全规程和有关制度。

（7）保证对方安全作业，不要发生违章作业行为。

◎进行安全目标考核

为认真贯彻执行"预防为主，安全第一，综合治理"的方针，控制和减少伤亡事故。结合各级安全生产目标管理责任状中的要求和班组实际，各部门要制定安全责任目标考核制度。

（1）部门安全责任要明确，针对性要强，便于操作，且责任状签订到位。

（2）车间主任、安全员及班组成员经过安全培训考试合格，具备识别危险、控制事故的能力；百分之百执行国家安全规定以及本厂安全生产规章制度。

（3）班组成员熟练掌握本岗位安全技术规程和作业标准，并经考试合格上岗，百分之百地贯彻执行规程和标准，按规定保管好"工作票"和"操作票"。

（4）开好交接班会、安全评估会，过好安全活动日，做好安全学习记录，积极开展安全标准化作业，安全教育做到经常化。

（5）每日上班进行安全检查，正确使用岗位"安全检查表"和"隐患追踪记录卡"，做到工具、设备无缺陷和隐患，安全装置齐会、完好、可靠，正确佩戴和使用劳动防护用品。

（6）作业环境整洁、安全通道畅通、安全警示标志醒目。

（7）各部门实现个人无违章、岗位无隐患、全员无事故。

（8）各部门无重大伤亡、重大设备毁损、火灾等事故。

（9）各部门安全档案管理规范、有序。

（10）实行安全生产"一票否决"制，凡发生安全事故的部门取消"年度评先树优"资格。

◎建立健全安全档案

根据工作需要，各部门必须建立健全员工安全教育培训、岗位设备、危险点、安全检查、安全隐患整改、目标岗位考核等相应档案、台账。其中教育培训档案实行安全生产记录卡制度，确保"一人一档一卡"，做到内容翔实，分类建档，备案待查。

◎加强日常安全管理工作

1. 关注现场作业环境

环境是在意外事故的发生中不可忽视的因素，通常工作环境脏乱、工厂布置不合理、搬运工具不合理、采光与照明差、工作场所危险都易发生事故。所以，各部门在安全防范中应提高对作业环境的注意度，整理整顿生产现场，平时需关心以下事项。

（1）作业现场的采光与照明情况是否符合标准？

（2）通气状况怎样？

（3）作业现场是否有许多碎铁屑与木块？会不会影响作业？

（4）作业现场的通道情况是不是足够宽敞畅通？

（5）作业现场的地板上是否有油或水？会不会影响员工的作业进行？

（6）作业现场的窗户是否擦拭干净？

（7）防火设备的功能是否可以正常地发挥？有没有进行定期的检查？

（8）载货的手推车在不使用时是不是放在指定点？

（9）作业安全宣传与指导的标语是否贴在最引人注目的地方？

（10）经常使用的楼梯、货品放置台是否有摆放不良品？

（11）设备装置与机械是否符合安全手册要求置于最正确的地点？

（12）机械的运转状况是否正常？润滑油注油口有没有油漏到作业现场的地板上？

（13）下雨天，雨伞与雨具是否放置在规定的地方？

（14）作业现场是否置有危险品？其管理是否妥善？是否做了定期检查？

（15）作业现场入口的门是否处于最容易开启的状态？

（16）放置废物与垃圾的地方通风系统是否良好？

（17）日光灯的台座是否牢固？是否清理得很干净？

（18）电气装置的开关或插座是否有脱落的地方？

（19）机械设备的附属工具是否零乱地放置在各处？

（20）部门管理者的指示与注意点，员工是否都能深入地了解并依序执行？

（21）共同作业的同事是否能完全与自己配合？

（22）其他问题。

2. 关注员工工作状态

关注员工的工作状态是指基层管理者在工作过程中需关注员工存不存在身心疲劳现象。因为员工身体状况不好或因超时作业而引起身心疲劳，会导致员工在工作上无法集中注意力。

员工在追求高效率作业时，也要适时地根据自己的身体状况作出相应调整，不能在企业安排休养时间内做过于令人刺激兴奋的娱乐活动，这样不但浪费了休息时间，还会降低工作效率。一般来说，部门管理者要留意以下事项。

（1）员工对作业是否持有轻视的态度？

（2）员工对作业是否持有开玩笑的态度？

（3）员工对班组长的命令与指导是否持有反抗的态度？

（4）员工是否有与同事发生不和的现象？

（5）员工是否在作业时有睡眠不足的情形？

（6）员工是否有身心疲劳的现象？

（7）员工手、足的动作是否经常维持正常状况？

（8）员工是否经常有轻微感冒或身体不适的情形？

（9）员工对作业的联系与作业报告是否有怠慢的情形发生？

（10）员工是否有心理不平衡或担心的地方？

（11）员工是否有穿着不整洁的工作制服与违反公司规定的事项？

（12）其他问题。

3. 督导员工严格执行安全操作规程

安全操作规程是前人在生产实践中摸索甚至是用鲜血换来的经验教训，集中反映了生产的客观规律。

（1）精力高度集中。人的操作动作不仅要通过大脑的思考，还要受心理状态的支配。如果心理状态不正常，注意力就不能高度集中，在操作过程中易发生因操作方法不当从而引发事故的情况。

（2）文明操作。要确保安全操作就须做到文明操作，做到清楚任务要求，对所需原料性质十分熟悉，及时检查设备及其防护装置是否存在异常，排除设备周围的阻碍物品，力求做到准备充分，以防注意力在中途分散。

操作中出现异常情况也属正常现象，切记不可过分紧张和急躁，一定要保持冷静并善于及时处理，以免酿成操作差错而产生事故；杜绝麻痹、侥幸、对不安全因素视若无物，从小事做起，从自身做起，把安全放在首位，真正做到开开心心上班来，快快乐乐回家去。

4.监督员工严格遵守作业标准

经验证明，违章操作是绝大多数安全事故发生原因中不可忽视的一项。因此，为了避免发生安全事故就要求员工必须严格认真遵守标准。在操作标准的制定过程中，充分考虑影响安全方面的因素，违章操作很可能导致安全事故的发生。

特别是处于第一线的班组长，要现场指导、跟踪确认。该做什么？怎样去做？重点在哪？班组长应该对员工传授到位。不仅要教会，还要跟进确认一段时间，检测员工是否已经真正地掌握操作标准，成绩稳定与否。倘若只是口头交代，甚至没有跟踪的话，那这种标准也不过是一纸空文，就算执行起来也注定要失败。

5.监督员工穿戴劳保用品

基层管理者，一定要熟悉本公司、本车间在何种条件下使用何种劳保用品，同时也要了解掌握各种劳保用品的用途。倘若员工不遵守规定穿戴劳保用品，可以向其讲解将公司的规定章程，亦可向他们解释穿戴劳保用品的好处和不穿戴劳保用品的危害。在佩戴和使用劳保用品时，谨防发生以下情况。

（1）从事高空作业的人员，因没系好安全带发生坠落情况。

（2）从事电工作业（或手持电动工具）的人员因不穿绝缘鞋而发生触电。

（3）在车间或工地，工作服不按要求着装，或虽穿工作服但穿着邋遢，敞开前襟，不系袖口等，造成机械缠绕。

（4）长发不盘入工作帽中，发生长发被卷入机械里的情况。

（5）不正确戴手套。有的该戴手套不戴，造成手的烫伤、刺破等伤害；有的不该戴手套的却戴了，造成机械卷住手套连同手也一齐带进去，甚至连胳膊也带进去的伤害事故。

（6）护目镜和面罩佩戴不适当及时，面部和眼睛遭受飞溅物伤害或灼伤，或受强光刺激，导致视力受伤。

（7）安全帽佩戴不正确，当发生物体坠落或头部受撞击时，造成伤害事故。

（8）不按规定在工作场所不穿用劳保皮鞋，致使脚部受伤。

（9）各类口罩、面具选择使用不正确；因防毒护品使用不熟练造成中毒伤害。

6. 检查生产现场是否存在物的不安全状态

各级管理者在现场巡查时，要检查生产现场是否存在物的不安全状态，主要包括以下几个方面。

（1）检查设备的安全防护装置是否良好。防护罩、防护栏（网）、保险装置、连锁装置、指示报警装置等是否齐全、灵敏有效，接地（接零）是否完好。

（2）检查设备、设施、工具、附件是否有缺陷。制动装置是否有效，安全间距是否符合要求，机械强度、电气线路是否老化、破损，超重吊具与绳索是否符合安全规范要求，设备是否带"病"运转和超负荷运转。

（3）检查易燃、易爆物品和剧毒物品的储存、运输、发放和使用情况，是否严格执行了制度，通风、照明、防火等是否符合安全要求。

（4）检查生产作业场所和施工现场有哪些不安全因素。有无安全出口，登高扶梯、平台是否符合安全标准，产品的堆放、工具的摆放、设备的安全距离、操作者的安全活动范围、电气线路的走向和距离是否符合安全要求，危险区域是否有护栏和明显标志等。

7. 检查员工是否存在不安全操作情况

各级管理者在现场巡查时，要检查在生产过程中员工是否存在不安全行为和不安全的操作，主要包括以下几个方面。

（1）检查有无忽视安全技术操作规程的现象。比如，操作无依据、没有安全指令、人为地损坏安全装置或弃之不用，冒险进入危险场所，对运转中的机械装置进行注油、检查、修理、焊接和清扫等。

（2）检查有无违反劳动纪律的现象。比如，在工作时间开玩笑、打闹、精神不集中、脱岗、睡岗、串岗；滥用机械设备或车辆等。

（3）检查日常生产中有无误操作、误处理的现象。比如，在运输、起重、修理等作业时信号不清、警报不鸣；对重物、高温、高压、易燃、易爆物品等作了错误处理；使用了有缺陷的工具、器具、起重设备、车辆等。

表 4-4 为某企业安全生产日常管理检查示例。

表 4-4　企业安全生产日常管理检查表

企业名称：×××××公司

序号	检查内容	落实情况	
一、企业安全生产保障情况			
1	是否建立、健全以下安全生产责任制	是/否	备注
（1）	主要负责人安全生产责任制		
（2）	分管负责人安全生产责任制		
（3）	安全管理人员安全责任制		
（4）	岗位安全生产责任制		
（5）	职能部门安全生产责任制		
（6）	安全作业管理制度		
（7）	仓库、储罐安全管理制度		
2	是否制定以下安全生产规章制度并正式发布	是/否	备注
（1）	安全教育培训制度		
（2）	安全生产奖惩制度		
（3）	安全生产事故隐患排查、整改制度		
（4）	安全设施、设备管理制度		
（5）	办公场所防火、防爆管理制度；安全警示标志设立情况；有否疏散出口、有否标志、是否畅通；消防器材数量、放置地点、有效期		
（6）	办公场所职业卫生管理制度		
（7）	劳动防护用品（具）管理制度		
3	监督、检查安全生产工作	是/否	备注
（1）	主要负责人是否定期组织召开安全会议和参加安全检查活动		
（2）	是否正常开展定期安全检查活动		
（3）	是否及时整改检查中发现的生产安全事故隐患		
4	组织制订并实施生产安全事故应急救援预案	是/否	备注

序号	检查内容	落实情况	
（1）	是否制订应急救援预案并定期开展演练		
（2）	是否建立应急救援组织或指定专（兼）职应急救援人员		
5	生产安全事故	是/否	备注
（1）	是否发生因工伤亡事故		
（2）	是否如实、及时报告生产安全事故		
二、企业安全管理机构或人员履行管理职责情况			
1	设置安全管理机构及配备人员	是/否	备注
（1）	是否设置了专门安全生产管理机构		
（2）	是否按基本从业条件要求培训和配备相关从业人员		
2	落实企业安全生产规章制度	是/否	备注
（1）	安全教育培训记录		
（2）	安全检查及隐患整改记录		
（3）	安全设施登记、维护保养及检测记录		
（4）	特种设备登记及检测、检验台账记录		
（5）	职业卫生检测台账记录		
3	重大危险源管理	是/否	备注
（1）	是否确定企业的重大危险源并建立重大危险源登记档案		
（2）	是否落实重大危险源的安全监控措施、应急措施		

督查意见：

检查人（签字）：　企业负责人（签字）：

日期：　　年　月　日

二、日常安全管理的"一班三检"制

◎什么是"一班三检"制

主要是通过班组长、工会小组劳动保护检查员、班组安全员及操作者的现场检查以发现生产过程中一切事物的不安全状态和人的不安全行为。

> "一班三检"制是指按安全检查制度的有关规定，每天都进行的、贯穿于生产过程中的班前、班中、班后检查。

目前，很多班组实行"一班三检"制，即班前、班中、班后进行安全检查"班前查安全，思想添根弦；班中查安全，操作保平安；班后查安全，警钟鸣不断"。这句话充分说明了"一班三检"制的意义和重要性。因此，班组即使面临的生产任务再重，时间再紧，也必须把"一班三检"制坚持好。

（1）注重实效，防止走过场。"一班三检"检查的侧重点不同，"班前检查"的内容有三项：一是检查防护用品和用具，看班组成员是否按要求穿戴了防护用品，是否按规定携带了防护用具。如果不符合规定，应督促他们改正。二是检查作业现场，看是否存在不安全因素，如果存在应及时排除。三是检查机械设备，看是否处于良好状态，如有故障则应及时检修。

"班中检查"的重点是对设备运行状况、作业环境危险因素进行检查，并制止和纠正违章行为，消灭事故苗头，保证班组成员按章操作和设备正常运行。

"班后检查"的内容是：检查工作现场和机械设备，做到工完场清，防护用品用具摆放有序，机械设备处于完好状态，不给下一班留下隐患。对"一班三检"规定的检查项目，班组长及每个班组成员必须逐项地进行认真检查，不放过任何一个可疑点。任何疏忽，都有可能形成事故的隐患。

（2）班中检查作为重点。上班至下班这段时间较长，班组成员实际的作业行为频繁，机械设备也都处于运行状态，不可避免地会遇到许多新情况、新问题，因此班中的安全检查是一个重点。班组长要做有心人，经常地督促检查。班组成员要随时注意自己作业岗位的安全状况，遇有重大事故隐患，应停止作业，并及时上报。在隐患消除，确保安全的情况下，才能重新作业。

（3）把检查督促与安全教育结合起来。一些班组成员对规章制度抱着消极应付的态度。如班组长在班前督促他戴上安全帽，他却认为"戴这玩意儿没啥用"，嫌麻烦，作业中又把安全帽扔到一边。因此，班组长必须把抓制度与抓教育有机地结合起来，把"一班三检"中遇到的问题放到教育中去解决，只有班组成员的防护意识提高了，才能主动地进行检查，自觉地遵守规章。

（4）持之以恒，常抓不懈。坚持"一班三检"制，必须使实劲，有韧劲。部分班组成员认为，"天天检查，也没查出什么漏洞和隐患，隔三岔五检查一下就行了"，因而使"一班三检"时紧时松。在上级强调或出了事故时，便抓得紧一些；时间一久又松懈下来，使制度形同虚设。这种认识和做法是十分有害的。应当认识到，以前没有检查出漏洞和隐患，不等于以后不出漏洞与隐患。俗话说"天天洗脸，时时防火"，对事故这个祸害也必须天天时时加以防范，而坚持"一班三检"制正是天天时时预防事故发生的有效措施。

◎ "一班三检"的方法和手段

安全检查是运用安全系统工程的原理对系统中影响安全的有关要素逐项进行检查的一种方法。

（1）安全检查表。安全检查表是安全检查的一种有效工具。安全检查表是一个较为系统的安全问题的清单，它事先把检查对象系统地加以剖析，查出不安全因素的所在，然后确定检查项目并按系统顺序编制成表。由于检查表做到了系统化、完整化，所以不会漏掉任何可以导致危险的关键因素。同时，安全检查表简明易懂，容易掌握。因此，班组应针对不同的检查对象，事先准备好相应的安全检查表，可以保证安全检查充分发现问题，不留任何隐患。

（2）安全检查表的填写。安全检查表的填写一般采用提问方式，即以"是"或"否"来回答"是"表示符合要求，"否"表示存在问题，有待进一步改进。检查表内容要具体、细致，条理清楚，重点突出。表中应列举需要查明的所有可能导致伤亡事故的不安全状态和行为，将其列为问题，并在每个提问后面设改进措施栏。

（3）安全检查表的编制。安全检查表可以按生产系统、班组编写，也可以按专题编写。

在编制安全检查表时，要做到依据准确，即让检查表在内容上和实际运用中均能达到科学、合理，并符合法律要求。检查表内容必须符合检查对象的实际情况，切忌生搬硬套，流于形式。

检查表还要突出重点，即要把经常出现事故隐患、最容易发生事故的项目作为重点；主次分明，即对检查项目按可能存在的危险程度，分为必检项目、评价项目、一般检查项目、经常项目。做到先主后次，重点突出，要求具体。

为了便于使用，检查表不宜太庞杂、烦琐。一个编制完善的检查表，即可以在检查中使用，也可以对已发生的事故或出现的问题进行诊断，查清事故原因和责任者。

（4）安全检查。检查是手段，目的在于及时发现问题、解决问题。应该在检查过程中或检查以后，发动群众及时整改。整改应实行"三定"（定措施、定时间、定负责人），"四不推"（班组能解决的，不推到工段；工段能解决的，不推到车间；车间能解决的，不推到厂；厂能解决的，不推到上级）。对于一些长期危害员工安全健康的重大隐患，整改措施应件件有交代，条条有着落。为了督促各单位事故隐患整改工作的落实，可采用向存在事故隐患的单位下发《事故隐患整改通知书》的方式，指定其限期整改。

对于检查中发现的不安全因素，应区分情况对待处理。对领导违章指挥、工人违章操作等，应当场劝阻，并通知现场负责人严肃处理；对生产工艺、劳动组织、设备、场地、操作方法、原料、工具等存在的不安全问题，应通知责任单位限期改进；对严重违反国家安全生产法规，随时有可能造成严重人身伤亡的装备设施，应立即通知责任单位处理。

三、工艺流程安全控制

◎ 了解工艺的基本安全要求

1. 投料

（1）应该知道原辅料物化性质、投料程序、泄漏的处理措施和可能出现的安全问题。

（2）投料前应该做好相关的准备工作（按操作规程进行）。

①穿戴好防护用品，检查安全设施应完好，做好检查记录。按规定要求依次关闭或打开相关阀门（底阀、蒸汽阀、真空阀、氮气阀、冷冻介质阀、水阀、放空阀、回流阀等）。

②检查管道、阀门、反应釜、计量槽等是否泄漏。

③打开通风或抽风系统。

（3）物料包装应完整，有标签、名称、重量、质量指标、产地、批号。

（4）按要求的投料量准确称重，有人复核、记录。

（5）若用软管抽吸液体物料，管道中的液体物料不应有残留，抽完后应该将敞开的进料管口放入密闭容器中，防止管中残液泄漏，发生安全事故。

（6）起吊物料的人员应持证上岗，操作中发现异常应立即停止起吊。

（7）剩余物料存放车间指定区域或退回仓库，车间存放的物料不应超过一天用量。

（8）如有物料泄漏，不得随意用水冲洗，应根据安全操作规程及时处置。

（9）有物料溅到人体应及时处置，如是酸碱应立即用水冲洗，不得延误，必要时就医。

2. 工艺操作

工艺操作岗位员工应针对本岗位安全操作规程操作，以下方法为员工提供重要参考。

（1）按操作程序开启阀门、搅拌等。

（2）严格控制加料速度，温度、压力必须在规定范围内。

（3）如温度、压力超出正常范围，应按操作规程立即处置。如仍然不能正常运行，应立即停车，问题解决后方可继续运行。

（4）如发生冲料，应立即采取切实可行的安全措施，对冲出的物料应及时处置。

（5）冷凝器的冷却系统应正常运行，冷凝液和冷却液的出口温度应在规定范围内，如超温应及时采取切实可行的措施。

（6）处理易凝固、易沉积危险性物料时，设备和管道应有防止堵塞和便于疏通的措施。

（7）物料倒流会产生危险的设备管道，应根据具体情况设置自动切断阀、止回阀或中间容器等。

（8）在不正常情况下，物料串通会产生危险时，应有防止措施。

（9）对有失控可能的聚合等工艺过程，应根据不同情况采取下列一种或几种应急措施。

①停止加入催化剂（引发剂）。

②加入终止剂或链转移剂，使催化剂失效。

③排出物料或停止加入物料。

④紧急泄压。

⑤停止供热或由加热转为冷却。

⑥加入稀释物料。

⑦加入易挥发性物料。

⑧通入惰性气体。

（10）输送酸、碱等强腐蚀性化学物料泵的填料函或机械密封周围，宜设置安全护罩。

（11）从设备及管道排放的腐蚀性气体或液体，应加以收集、处理，不得任意排放。

（12）安全标志和安全色完好清晰。

（13）阀门布置比较集中，易因误操作而引发事故时，应在阀门附近标明输送介质的名称、符号等明显的标志。

（14）生产场所与作业地点的紧急通道和紧急出入口均应设置明显的标志和指示箭头。

（15）极度危害（Ⅰ级）或高度危害（Ⅱ级）的职业性接触毒物应采用密闭循环系统取样。

（16）取样口的高度离操作人员站立的地面与平台不宜超过1.3m，高温物料的取样应经冷却。

（17）硫化氢应采取密闭方式取样。

（18）极度危害（Ⅰ级）、高度危害（Ⅱ级）的职业性接触毒物和高温及强腐蚀性物料的液位指示，不得采用玻璃管液位计。

（19）产生大量湿气的厂房，应采取通风除湿措施，并防止顶棚滴水和地面积水。

（20）腐蚀性介质的测量仪表管线，应有相应的隔离、冲洗、吹气等防护措施。

（21）强腐蚀性液体的排液阀门，宜设双阀。

（22）液氯汽化热水不应超过40℃。

（23）应按规定巡检，做好记录。

（24）不得在作业现场用餐。

◎危险工艺有何安全要求

在对危险工艺进行安全检查时，应对照工艺图纸和技术文件逐一核实。

1. 电解工艺

（1）电解槽有温度、压力、液位、流量报警，并且联锁有效。

（2）电解供电整流装置与电解槽供电的报警和联锁。

（3）有紧急联锁切断装置和事故状态下氯气吸收中和系统，并保证吸收中和系统有效，如碱液浓度、储量等必须满足要求。

（4）有可燃和有毒气体检测报警装置，并在检测有效期内。

（5）设有联锁停车系统。

2. 氯化工艺

（1）氯化反应釜设有温度、压力检测报警系统，并与搅拌、氯化剂流量、进水阀联锁。

（2）设有反应物料的比例控制和联锁。

（3）有搅拌的稳定控制系统，有进料缓冲器。

（4）有紧急进料切断系统。

（5）有紧急冷却系统。

（6）有安全泄放系统。

（7）有事故状态下氯气吸收中和系统。

（8）有可燃和有毒气体检测报警装置，并在检测有效期内。

3. 硝化工艺

（1）反应釜内温度应有报警，并与搅拌、硝化剂流量、硝化反应釜夹套冷却水进水阀联锁。

（2）硝化反应釜处设立紧急停车系统、安全泄放系统和紧急冷却系统，当硝化反应釜内温度超标或搅拌系统发生故障能自动报警并自动停止加料，实施紧急冷却和安全泄放。

（3）分离系统温度控制与加热、冷却形成联锁，温度超标时能停止加热并紧急冷却。

（4）有塔釜杂质监控系统。

（5）硝化反应系统应设有泄爆管和紧急排放系统。

4. 裂解

（1）将引风机电流与裂解炉进料阀、燃料油进料阀、稀释蒸汽阀之间联锁，一旦引风机故障停车，则裂解炉自动停止进料并切断燃料供应，但应继续供应稀释蒸汽，以带走炉膛内的余热。

（2）燃料油压力与燃料油进料阀、裂解炉进料阀之间联锁，燃料油压力降低，则切断燃料油进料阀，同时切断裂解炉进料阀。

（3）分离塔应安装安全阀和放空管，低压系统与高压系统之间应有逆止阀，并配备固定的氮气装置、蒸汽灭火装置。

（4）裂解炉电流与锅炉给水流量、稀释蒸汽流量之间联锁，一旦水、电、蒸汽等公用工程出现故障，裂解炉能自动紧急停车。

（5）反应压力正常情况下由压缩机转速控制，开工及非正常工况下由压缩机入口放火炬控制。

（6）再生压力由烟机入口蝶阀和旁路滑阀（或蝶阀）分程控制。

（7）再生、待生滑阀正常情况下分别由反应温度信号和反应器料位信号控制，一旦滑阀差压出现低限，则转由滑阀差压控制。

（8）再生温度由外取热器催化剂循环量或流化介质流量控制。

（9）带明火的锅炉设置熄火保护控制。

（10）大型机组设置相关的轴温、轴震动、轴位移、油压、油温、防喘振等系统控制。

5. 氟化

（1）反应釜内温度、压力与釜内搅拌、氟化物流量、氟化反应釜夹套冷却水进水阀联锁。

（2）紧急冷却系统应有报警和联锁。

（3）应有搅拌的稳定控制系统。

（4）氟化反应釜处设立紧急停车系统和安全泄放系统，当氟化反应釜内温度或压力超标或搅拌系统发生故障时能自动停止加料并紧急停车。

（5）氟化反应操作中，要严格控制氟化物浓度、投料配比、进料速度和反应温度等，必要时应设置自动比例调节装置和自动联锁控制装置。

6. 加氢

（1）将加氢反应釜内温度、压力与釜内搅拌电流、氢气流量、加氢反应釜夹套冷却水进水阀形成联锁关系。

（2）应设置温度和压力的报警。

（3）应有循环氢压缩机停机报警、氢气紧急切断和搅拌的稳定控制系统。

（4）设置紧急停车系统、安全泄放系统和加入急冷氮气或氢气紧急冷却的系统，当加氢反应釜内温度或压力超标或搅拌系统发生故障时自动停止加氢，紧急冷却，进入紧急状态安全泄放。

（5）有安全阀、爆破片、紧急放空阀、有毒或可燃气体探测器等安全设施。

7. 重氮化

（1）反应釜内温度、压力与搅拌、亚硝酸钠流量、重氮化反应釜夹套冷却水进水阀联锁。

（2）反应物料的比例控制和联锁系统。

（3）应有紧急冷却系统、紧急停车系统、安全泄放系统，当重氮化反应釜内温度超标或搅拌系统发生故障时自动停止加料、紧急停车并安全泄放。

（4）重氮化后处理设备应配置温度检测、搅拌、冷却联锁自动控制调节装置。

（5）干燥设备应配置温度测量、加热热源开关、惰性气体保护的联锁装置。

（6）有安全阀、爆破片、紧急放空阀等安全设施。

8. 氧化

（1）反应釜内温度和压力与反应物的配比和流量、冷却水进水阀、紧急冷却系统联锁。

（2）应有紧急切断系统、紧急断料系统、紧急冷却系统和紧急送入惰性气体的系统，当氧化反应釜内温度超标或搅拌系统发生故障时自动通知加料、紧急冷却和紧急送入惰性气体，进行紧急停车。

（3）气相氧含量监测、报警和联锁。

（4）有安全阀、爆破片、可燃和有毒气体检测报警装置等安全设施，同时查装置是否在检测有效期限内。

9. 过氧化

（1）反应釜温度和压力的报警。

（2）应有紧急停车系统、紧急断料系统、紧急冷却系统、安全泄放系统和紧急入惰性气体的系统。

（3）过氧化反应釜内温度与釜内搅拌电流，过氧化物流量、过氧化反应釜夹套冷却水进水阀联锁。当釜内温度超标或搅拌系统发生故障时自动停止加料、紧急冷却和紧急送入惰性气体，进行紧急停车。

（4）反应物料的比例控制和联锁。

（5）气相氧含量监测、报警和联锁。

（6）安全设施有泄爆管、安全泄放系统、可燃和有毒气体检测报警装置等，同时查看该装置是否在检测有效期限内。

10. 氨基化

（1）反应釜温度和压力的报警。

（2）反应釜内温度、压力与搅拌、物料流量、反应釜夹套冷却水进水阀联锁。

（3）反应物料的比例控制和联锁系统。

（4）应有紧急冷却系统、紧急停车系统、紧急送入惰性气体的系统、安全泄放系统。

（5）气相氧含量监控联锁。

（6）主要安全设施有安全阀、爆破片、单向阀、可燃和有毒气体检测报警装置等，同时查看该装置是否在检测有效期限内。

11. 磺化

（1）反应釜温度的报警。

（2）反应釜内温度与磺化剂流量、磺化反应釜夹套冷却水进水阀、釜内搅拌电流联锁。

（3）搅拌的稳定控制和联锁系统。

（4）应有紧急冷却系统、紧急停车系统、安全泄放系统，当磺化反应釜内各参数偏离工艺指标时能自动报警，停止加料，紧急停车。

（5）安全设施有泄爆管、紧急排放系统和三氧化硫泄漏监控报警系统等，其中泄爆管出口应引到安全地点。

12. 聚合

（1）反应釜温度和压力的报警。

（2）反应釜内温度、压力与釜内搅拌电流、聚合单体流量、引发剂加入量、聚合反应釜夹套冷却水进水阀联锁。

（3）设置紧急冷却系统、紧急切断系统、紧急停车系统和紧急加入反应终止剂系统。

（4）当反应超温、搅拌失效或冷却失效时，能及时加入聚合反应终止剂，安全泄放，紧急停车。

（5）搅拌的稳定控制和联锁系统。

（6）料仓应消除静电，用氮气置换。

（7）安全设施有安全泄放系统、防爆墙、泄爆面和有毒或可燃气体检测报警等。

13. 烷基化

（1）应有紧急切断系统、紧急冷却系统、安全泄放系统。

（2）反应釜内温度和压力与釜内搅拌、烷基化物料流量、烷基化反应釜夹套冷却水进水阀联锁。

（3）安全设施有可燃和有毒气体检测报警装置、安全阀、爆破片、紧急放空阀和单向阀。

14. 光气及光气化工艺

（1）应有事故紧急切断阀、紧急冷却系统。

（2）反应釜温度、压力报警联锁。

（3）局部排风设施。

（4）有毒气体回收及处理系统。

（5）自动泄压装置。

（6）自动氨或碱液喷淋装置。

（7）光气、氯气、一氧化碳监测及超限报警。

（8）双电源供电。

15. 合成氨工艺

（1）合成氨装置内温度、压力与物料流量、冷却系统联锁。

（2）压缩机温度、压力、入口分离器液位与供电系统形成联锁关系。

（3）紧急停车系统。

（4）可燃、有毒气体检测报警装置。

（5）设置以下几个控制回路。

①氨分、冷交液位。

②废锅液位。

③循环量控制。

④废锅蒸汽流量。

⑤废锅蒸汽压力。

◎重点监管常见危险化学品

涉及危险化学品的单位，应对照国家安监总局公布的控制措施和原则进行检查。下面列出的仅为基本安全要求。

1. 易燃、可燃和有毒气体、液体

包括：氨、液化石油气、硫化氢、天然气（甲烷）、原油、汽油（含甲醇汽油、乙醇汽油）、石脑油、氢、苯（含粗苯）、碳酰氯（光气）、一氧化碳、甲醇、丙烯腈、环氧乙烷、乙炔、氯乙烯、乙烯、苯乙烯、环氧丙烷、一氯甲烷、硫酸二甲酯、苯胺、丙烯醛（2-丙烯醛）、甲醚、氯苯（氯化苯）、乙酸乙烯酯、二甲胺、甲苯二异氰酸酯、六氯环戊二烯、二硫化碳、乙烷、氯甲基甲醚、烯丙胺、异氰酸甲酯、甲基叔丁基醚、乙酸乙酯、丙烯酸、甲基肼、一甲胺、乙醛、甲苯、1，3-丁二烯、丙烯（1-丙烯）、环氧氯丙烷、三氟化硼、磷化氢。

（1）一般要求。

①防爆。

②应有泄漏检测报警仪。泄漏检测报警仪设置的原则为：当检测密度比空气大的气体或蒸汽时，应安装在泄漏点的下方，距离地面一般在 30 ~ 60cm。离泄漏点距离：检测有毒气体的为 2.5m；检测可燃气体的，室内 7.5m，室外 15m。

③应有压力、液位、温度远传记录和报警。

④储罐等压力容器和设备应设置安全阀、压力表、液位计、温度计。

⑤有动力电源、管线压力、通风设施或相应吸收装置的联锁装置。

⑥应有紧急切断装置或紧急停车系统。

⑦管道外壁应有色标、物料名称、物料走向标志。

⑧输送管道不应靠近热源敷设。

⑨应有两套正压式空气呼吸器。

⑩应有长管式防毒面具、重型防护服等防护器具、防护眼镜、防静电工作服，戴橡胶手套、过滤式防毒面具。

⑪应有安全警示标志。

⑫在传送过程中，钢瓶、容器及管道必须接地和跨接，防止产生静电。检查时要注意接地和防静电跨接的质量，原则上相邻的两只法兰应可靠跨接。

⑬禁止使用电磁起重机和用链绳捆扎，或将瓶阀作为吊运着力点。

⑭配备相应品种和数量的消防器材及泄漏应急处理设备。

⑮作业环境应设立风向标。

⑯对有可能失控的工艺过程的应急措施有：排出物料或停止加入物料；紧急泄压；停止供热或由加热转为冷却；加入稀释物料；加入易挥发性物料；通入惰性气体；与灭火系统联锁。

⑰充装岗位要有万向节管道充装系统。

（2）特殊要求（部分）。

①氯（剧毒品）。

a. 用小于 40℃温水加热汽化器。

b. 液氯汽化器、预冷器及热交换器等设备，装有排污装置和污物处理设施。

c. 定期分析三氯化氮含量。

d. 禁止向泄漏的钢瓶上喷水。

e. 充装时，使用万向节管道充装系统。

f. 警示标志齐全。

②氨。

a. 液氨气瓶放置在距工作场地至少5m以外的地方，并且通风良好。

b. 防止冻伤。

③硫化氢（强烈的神经毒物）。

a. 操作时佩戴正压自给式空气呼吸器。

b. 使用便携式硫化氢检测报警仪。

c. 作业工人腰间缚以救护带或绳子，要设监护人员。

④氢气。管道与燃气管道、氧气管道平行敷设时，中间宜有不燃物料管道隔开，或净距不小于250mm；分层敷设时，氢气管道应位于上方。

⑤丙烯腈（剧毒品）。

a. 应有安全联锁、紧急排放系统、独立设置的紧急停车系统(EsD)和正常及事故通风设施。

b. 配备便携式可燃气体报警仪、电视监控。

c. 生产装置内使用在线氧分析仪。

d. 应有HCN浓度监测系统、便携式氢氰酸浓度检测报警仪。

e. 管道系统法兰应采用高等级密封法兰。

f. 禁止将碱性物料送到承装介质的容器或废水槽中。

g. 按规定添加阻聚剂，防止物料发生高温自聚而堵塞设备和管道。

h. 设置连续吹氮系统。

⑥环氧乙烷（致癌物）。

a. 作业场所的浓度必须定期测定，并及时公布于现场。

b. 固定动火区必须距离生产区30m以上。

c. 充氮吹扫，所用氮气的纯度应大于98%。

d. 储罐应设置水冷却喷淋装置，并应有充足的水源提供，尽量使操作温度范围在−10 ~ 20℃。

e.密封垫片应采用聚四氟乙烯材料，禁止使用石棉、橡胶材料。

⑦乙炔。

a.严禁卧放使用。

b.同时使用乙炔瓶和氧气瓶时，两瓶之间的距离应超过 5m，离动火点应超过 10m。

⑧1，3–丁二烯。

a.严格控制系统氧含量。

b.要有降温措施，防止聚合。

⑨硫酸二甲酯（致癌物，剧毒液体）。

a.应有自吸过滤式防毒面具。

b.应有化学安全防护眼镜。

c.应有胶布防毒衣、橡胶手套。

d.作业环境应有硫酸二甲酯检测仪及防护装置。

⑩苯胺。作业环境配备相应的苯胺检测仪及防护装置。

⑪二硫化碳。

a.容器内可用水封盖表面。

b.储存区备有泄漏应急处理设备和合适的收容材料。

⑫碳酰氯（光气、剧毒品）。

a.进入光气生产单元的人员都必须佩戴个人防护器材，围护式厂房内配备逃生防护设施，进出围护式厂房必须得到批准，携带小型光气/CO 检测仪，一旦出现警报立即撤离。

b.应严格执行剧毒化学品"双人收发，双人保管"制度。

c.应与醇类、碱类、食用化学品分开存放，切忌混储。

d.储存于阴凉、干燥、通风良好的库房，远离火种、热源，库房内温不宜超过 30℃。

e.储罐用特殊规定的容器盛装、储存，并配稀碱、稀氨水喷淋吸收装置。

f.储槽的总贮量必须严格控制，必须使用相应的系统容量事故槽。

g.储槽应装设安全阀，在安全阀前装设爆破片，安全阀后必须接到应急破坏系统，宜在片与阀之间装超压报警器。

h.由储槽向各生产岗位输送物料不宜采用气压输送，当采用密封性能可靠的耐腐蚀泵输送时，泵的数量应降至最低。

i.输送含光气的物料应采用无缝钢管，并宜采用套管。

j.含光气物料管道连接应采用对焊焊接，开车之前应做气密性实验，严禁采用丝扣连接。

⑬甲苯二异氰酸酯（剧毒品）。

a.设置泄漏检测报警仪。

b.使用防爆型的通风系统和设备。

c.配套两套以上重型防护服。

d.压力容器和设备应设置安全阀、压力表、液位计、温度计，并应装有带压力、液位、温度远传记录和报警功能的安全装置，重点储罐需设置紧急切断装置。

e.避免与氧化剂、酸类、碱类、醇类、胺类接触。

f.本品容易与胺、水、醇、酸、碱发生反应，特别是与氢氧化钠和叔胺发生反应难以控制，并放出大量热。

g.当桶翻倒和爆裂时，应将干沙或化学品吸收剂铺在受污染区（大面积），并将损坏的桶放入大桶内，将用过的沙或化学品吸收剂收集在开口桶内做适当处理，并通过大桶的排气盖排放气体，另外还要用二异氰酸酯中和液彻底清洗污染区。

h.充装时使用万向节管道充装系统，严防超装。

i.储存于阴凉、干燥、通风良好的不燃材料结构的库房中，防止容器受损和受潮，储存温度控制在 20～35℃，与胺类、醇、碱类和含水物品隔离储运。

j.应严格执行剧毒化学品"双人收发，双人保管"制度。

⑭六氯环戊二烯（剧毒品）。

a.配备便携式硫化氢报警仪。

b.充装时使用万向节管道充装系统，严防超装。

c.储存于阴凉、干燥、通风良好的库房，远离火种、热源，保持容器密封。

d.应与酸类、氧化剂、食用化学品分开存放，切忌混储，储存区应备有泄漏应急处理设备和合适的收容材料。

e.应严格执行剧毒化学品"双人收发，双人保管"制度。

⑮氰化氢、氢氰酸（剧毒品）。

a.氰化氢气体比空气略轻，发生泄漏后气体向上扩散，应注意风向和人站立的位置，巡检人员配备便携式氰化氢气体检测仪。

b.氢氰酸易聚合，工艺操作中要防止碱性物质和保持低温状态。

c.严禁利用氢氰酸管道作电焊接地线，严禁用铁器敲击管道与阀体，以免引起火花。

d.配备相应的固定式氰化氢检测仪及防护装置。

e.作业环境应设立方向标和逃生疏散通道标志。

f.储存于阴凉、干燥、通风良好的专用库房内，库房温度不宜超过30℃。

g.不可与空气接触，应与氧化剂、酸类、碱类、食用化学品分开存放，切忌混储，储存区应备有合适的材料收容泄漏物。

h.储存时间不宜太长，并注意添加稳定剂。

i.应严格执行剧毒化学品"双人收发，双人保管"制度。

⑯丙烯醛(2-丙烯醛)（剧毒品）。

a.应与氧化剂、酸类、碱金属等分开存放，切忌混储。

b.储存区应备有泄漏应急处理设备和合适的收容材料。

c.每天不少于两次对各储罐进行巡检，并做好记录。

d.生产设备的清洗污水及生产车间内部地坪的冲洗水须收入应急池，经处理合格后才可排放。

e.应严格执行剧毒化学品"双人收发，双人保管"制度。

f.使用万向节管道充装系统，严防超装。

⑰丙酮氰醇（剧毒品）。

a.避免直接接触丙酮氰醇。

b.严禁利用丙酮氰醇管道作电焊接地线，严禁用铁器敲击管道与阀体，以免引起火花。

c.作业环境应设立风向标。

d.供气装置的空气压缩机应置于上风侧。

e.重点检测区应设置醒目的标志、丙酮氰醇检测仪、报警器及排风扇。

f.在作业的场所应设置醒目的中文警示标志。

g.生产设备的清洗污水及生产车间内部地坪的冲洗水须收入应急池。

h. 充装时使用万向节管道充装系统，严防超装。

i. 应严格执行剧毒化学品"双人收发，双人保管"制度。

j. 应与氧化剂、还原剂、酸类、碱类、食用化学品分开存放，切忌混储。

⑱氯甲酸三氯甲酯（双光气）。

a. 避免直接接触双光气。

b. 生产车间、化验室和采样等各工作岗位的工作人员不得带未愈的伤口上岗。

c. 应与氧化剂、碱类、活性炭、食用化学品分开存放。

d. 切忌混储充装时使用万向节管道充装系统，严防超装。

⑲三氯甲烷（可疑致癌物）。

a. 三氯甲烷管道外壁颜色、标志应执行《工业管道的基本识别色、识别符号和安全标识》(GB 7231) 的规定。

b. 作业环境应设立风向标。

c. 供气装置的空气压缩机应置于年主导风向的上风向。

d. 重点检测区应设置醒目的标志、三氯甲烷检测仪、报警器及排风扇。

e. 三氯甲烷挥发性极强，在大量存在三氯甲烷的区域或使用三氯甲烷作业的人员应配备便携式三氯甲烷检测报警仪。

f. 生产设备的清洗污水及生产车间内部地坪的冲洗水须收入应急池，经处理合格后才可排放。

g. 储存于阴凉、干燥、通风良好的专用库房内，仓库房温度不超过 35℃，相对湿度不超过 85%。

h. 应与碱类、铝、食用化学品分开存放，切忌混储。

2. 固体毒害品

（1）氰化钠（剧毒品）。

①应有泄漏检测报警仪。

②配备两套以上重型防护服。

③应有过滤式防尘呼吸器、连衣式防毒衣、橡胶手套。

④应有安全警示标志。

⑤配备便携式氰化氢气体检测仪。

⑥配备洗眼器、喷淋装置，检查淋浴和洗眼设备是否完好、有效，保护距离

是否在有效范围内。

⑦应有急救药品和相应滤毒器材、正压自给式空气呼吸器、防尘器材、防溅面罩、防护眼镜和耐碱的胶皮手套等防护用品。

（2）苯酚。

①应有化学安全防护眼镜。

②应有透气型防毒服，戴防化学品手套。

③紧急事态抢救或撤离时，应该佩戴自给式呼吸器。

④应有淋浴和洗眼设备，检查淋浴和洗眼设备是否完好、有效，保护距离是否在有效范围内。

（3）硝基苯。

①储罐等容器和设备应设置液位计、温度计，并应装有带液位、温度远传记录和报警功能的安全装置。

②应有安全警示标志。

3. 腐蚀品

（1）二氧化硫。

①应有二氧化硫泄漏检测报警仪。

②配备两套以上重型防护服，空气中浓度超标时操作人员应佩戴自吸过滤式防毒面具（或全面罩）。

③储罐等压力容器和设备应设置安全阀、压力表、液位计、温度计，并应装有带压力、液位、温度远传记录和报警功能的安全装置、联锁装置。

④应有紧急切断装置。

⑤配置便携式二氧化硫浓度检测报警仪。

（2）氟化氢、氢氟酸。

①冲淋和洗眼器应完好、有效，保护距离应在有效范围内。

②配置氟化氢有毒气体检测报警仪。

③配备两套以上重型防护服，穿橡胶耐酸碱服，戴橡胶耐酸碱手套，工作场所浓度超标的操作人员应该佩戴自吸过滤式防毒面具。

④储罐等压力容器和设备应设置安全阀、压力表、液位计、温度计，并应装有带压力、液位、温度远传记录和报警功能的安全装置。

⑤应有紧急切断装置。

⑥储存时间不宜太长，并注意添加稳定剂。

（3）三氯化磷、四氯化钛。

①应有安全淋浴和洗眼设备，检查淋浴和洗眼设备是否完好、有效，保护距离是否在有效范围内。

②配备两套以上重型防护服，戴化学安全防护眼镜，穿橡胶耐酸碱服，戴橡胶耐酸碱手套。

③储罐等容器和设备应设置液位计、温度计，并应装有带液位、温度远传记录和报警功能的安全装置，重点储罐需设置紧急切断装置。

④安全警示标志。

4.有机过氧化物：过氧乙酸

①避免直接接触过氧乙酸，操作人员应佩戴必要的防护用品。

②应与还原剂、碱类、金属盐类分开存放，切忌混储。

③应专库储存，专人保管，储存于有冷藏装置、通风良好、散热良好的不燃结构的库房内。

④注意储存的量不宜过大，尤其要注意储存时应该采用塑料容器，而不能用玻璃瓶等膨胀性较差的容器储存过氧乙酸。

⑤储存过氧乙酸的容器应当留有不少于 5% 的空隙，防止液体蒸发膨胀造成容器爆裂，严禁使用铁器或铝器等金属容器盛装存放。

⑥新采购或刚经过运输的过氧乙酸不宜立即使用，应当静置至少 30min 以上。

5.氧化剂：硝酸铵

①禁止将油和氯离子带入硝酸铵溶液系统。

②防止熔融液喷溅到人体上，会导致接触部位严重烧伤。

③必须定期地将机械上（尤其转动与擦油部分）所沉积的硝酸铵和油等除去。

④应与易（可）燃物、还原剂、酸类、活性金属粉末分开存放，切忌混储。

⑤储存区应备有合适的材料收容泄漏物，禁止震动、撞击和摩擦。

◎完善工艺流程安全管理制度

1.制定安全生产规章制度的要求

在制定安全生产规章制度时，要注意以下事项。

（1）深入实际，调查研究。

（2）搜集和研究法律、法规和标准。

（3）结合经验，制定条款。

（4）关键条文，要经过技术试验和技术鉴定。

（5）坚持先进，摈弃落后。

（6）不断更新和补充完善。

2.科学制定安全生产规章制度

（1）明确范围对象。确定所要建立的安全生产规章制度的对象、范围。

（2）制订计划。明确建立新制度的目标和时间进度。

（3）搜集和研究相关信息。

①与生产经营单位建立制度相适应的现行、有效的国家有关法律、法规和标准。

②本单位生产经营活动中存在的危险、有害因素以及所采取的预防控制措施及运行情况。

③本单位安全生产管理中存在的问题及原因，包括作业环境、设备、人员管理中存在的问题及原因。

（4）拟定条款。在符合国家法规、标准的前提下，根据本单位实际情况和以往行之有效的经验、办法，拟定条款，各条款细节翔实、无歧义。

（5）广泛征询员工意见，必要时经安全委员会逐条讨论。

（6）修改完善。根据讨论结果适时修改。

（7）审批颁布。按本单位程序审批后，以文件的形式进行颁布实行，并进行宣传。

（8）执行并不断完善。将实行过程中规章条款出现的一些问题和缺陷，形成反馈意见和建议，提交规章制度制定部门，并不断地修改、完善。

四、如何进行防护用品管理

◎ 劳动防护用品的分类

防护用品主要包括如下。

（1）防尘用具。防尘口罩、防尘面罩。

（2）防毒用具。防毒口罩、过滤式防毒面具、氧气呼吸器、长管面具。

（3）防噪声用具。硅橡胶耳塞、防噪声耳塞、防噪声耳罩、防噪声面罩。

（4）防电击用具。绝缘手套、绝缘胶靴、绝缘棒、绝缘垫、绝缘台。

（5）防坠落用具。安全带、安全网。

（6）头部保护用具。安全帽、头盔。

（7）面部保护用具。电焊用面罩。

（8）眼部保护用具。防酸碱用面罩、眼镜。

（9）其他专用防护用具。特种手套、橡胶工作服、潜水衣、帽、靴。

（10）防护用具。工作服、工作帽、工作鞋，雨衣、雨鞋、防寒衣、防寒帽、手套、口罩等。

◎ 劳动防护用品的选用与发放

1. 发放管理

（1）安全部门负责。

①向使用部门提供防护用品用具的使用标准。

②监督检查防护用品用具使用标准的执行情况。

③监督防护用品用具的质量、使用和保管情况。

④对防护用具(如氧气呼吸器、过滤式防毒面具等)的使用人员组织培训与考试。

（2）采购部门负责。

①对已发布国家标准的用品用具，按国家标准采购、验收、发放、保管。

②对无国家标准的防护用品用具，应根据适用的原则进行采购、验收、发放、保管。

（3）使用部门负责。

①对已发布国家标准的防护用品用具，按国家标准领取、组织使用与保管。

②对无国家标准的防护用品用具，按说明书组织使用与保管。

③对专用防护用品用具的使用人员组织考试，不合格者应反复训练，直到合格为止。

2. 发放原则

（1）按岗位劳动条件的不同，发给员工相应的防护用品或备用防护用品用具。

（2）对从事多种工种作业的员工，按其基本工种发给防护用品，如果作业时确实需要另供防护用品用具时，可按需要另供。

（3）对易燃易爆岗位不得发给化纤工作服。

（4）员工遗失个人防护用品用具，原则上不予补发；因工失去或损坏的防护用品用具，由本人申请、单位核实、经安全部门批准，给予补发处理。

（5）企业应有公用的安全帽、工作服等供外来参观、检查工作人员临时用。公用防护用品用具要专人保管，保持清洁。

3. 发放标准的制定与执行

（1）按国家有关规定，结合企业实际情况，制定防护用品的发放标准。

（2）因生产需要或劳动条件改变需要修订防护用品的发放标准时，由使用单位提出申请，报安全部门审批后执行。

（3）对过滤式防毒面具不规定使用时间，失效、用坏或不能用时，以旧领新。

（4）新项目、新装置试车前三个月，由使用单位提出申请报安全部门，安全部门制定防护用品用具暂行发放标准，由总经理审批后执行。项目投产六个月后，由使用单位提出使用报告意见，报安全部门修订标准。

（5）其他防护用品用具，由安全部门提出发放标准，总经理审批后执行。

◎ 劳动防护用品的使用与保管方法

1. 常规使用与保管方法

（1）各单位根据岗位作业性质、条件、劳动强度和防护器材性能与使用范围，正确选用防护用具种类、型号，经安全部门同意后执行。

（2）严禁超出防护用品用具的防护范围代替使用。

①凡空气中氧含量低于 18%(体积)，有害气体含量高于 2% 的作业场所，严禁使用过滤式面具，应使用氧气呼吸器或长管式面具。

②严禁使用防尘口罩代替过滤式防毒面具。

③严禁使用失效或损坏的防护用品用具。

2. 劳动防护用品的使用与保管具体实例

（1）氧气呼吸器。

①使用范围。

a. 使用前气瓶压力不得小于 6.86MPa（70kg/cm²）。

b. 戴好面具，先呼出气体，再深呼吸几次，检查内部部件是否灵敏好用，胶管、面罩是否漏气，按手动补给排除气管原有气体，发现有问题时，不得使用。

c. 确认各部件正常后，方可佩戴进入毒区。

d. 当气瓶压力降到 3.6MPa（36kg/cm²）以下时，应退出毒区，如需继续工作，应更换新瓶。

e. 清净罐累计使用时间不得超过 2h。清净罐重量变化超过（11±50）g 时，应及时更换吸收剂。

f. 使用完毕，立即检查清洗、更换吸收剂，打好铅封后，放入专用事故柜内。

g. 瓶内气体不准用尽，要留有 0.05MPa（0.5kg/cm²）的余压。

h. 严禁气瓶接触油脂或接近火源和高温取暖设备。

i. 火灾现场不准使用。

②保管。

a. 应放在取用方便的事故柜内。平时铅封，用柜要避免阳光暴晒，距离设备和火源不小于 10m，温度 5 ～ 300℃，相对湿度 40% ～ 80%，周围空气中应不含有腐蚀性介质。

　　b. 非因工作或检查时，任何人不得动用。

　　c. 氧气瓶定期进行水压试验。

　　d. 企业氧气呼吸器的检查维修工作，由安全部防护站负责。

　　e. 氧气瓶应定期进行水压试验。

　　（2）长管面具。

　　①长管面具用于有毒区检修作业。

　　②应将长管呼吸口置于空气新鲜的地方，由专人监护。

　　③长管长度不得超过 20m，否则应强制通风。

　　④安全部门应定期进行气密性检查。

　　⑤长管面具应放在专用柜内保管。

　　（3）过滤式防毒面具。

　　①生产操作时备用的防护用具。

　　②严禁使用失效的滤毒罐。

　　③防护站负责滤毒罐的称重检查、再生。

　　（4）安全带、安全网。

　　①由车间保管。

　　②使用前要仔细检查，发现有异常现象，应停止使用。

　　③每年由安全部门统一组织一次强度试验。

　　（5）防电击用具。

　　①在使用和保管过程中要保证绝缘良好。

　　②严禁使用绝缘不合格的防电击用具作业。

　　③对防电击用具进行耐压试验。

第五章

电气作业安全管理

一、电气作业安全管理基础知识

◎电气作业安全管理有哪些内容

电气作业安全管理措施的内容很多，主要可以归纳为以下几个方面的工作。

1. 管理机构和人员

电工既是特殊工种，又是危险工种，存在较多不安全因素。同时，随着生产的发展，企业电气化程度不断提高，用电量迅速增加，专业电工日益增多，分散在全厂各部门。所以，电气安全管理工作是电气作业里非常重要的一环。为了做好电气安全管理工作，不仅技术部门应当有专人负责电气安全工作，就连动力部门和电力部门也应该要有专人负责用电安全工作。

2. 规章制度

规章制度是人们从长期生产实践中总结得出的操作规程，是保障安全、促进生产的有效手段。安全操作规程、电气安装规程，运行管理、维修制度以及其他规章制度都与安全有直接关系。

3. 电气安全检查

电气设备长期带缺陷运行和电气工作人员违章操作是发生电气事故的重要原因。为了及时发现缺陷和排除隐患，电气工作人员除了遵守安全操作规程，还必须建立一套科学的、完善的电气安全检查制度并严格执行。

4. 电气安全教育

电气安全教育是为了使工作人员了解关于电的基本知识，认识安全用电的重要性，同时掌握安全用电的基本方法，从而能安全有效地进行工作。

（1）新入厂的工作人员必须要接受厂、车间、生产小组等三级安全教育的培训。

（2）一般员工要求懂得电和安全用电的基本常识。

（3）使用电气设备的一般生产工人不仅要懂得一般电气安全知识，还要懂得相关的安全规程。

（4）独立工作的电气工作人员除了要懂得电气装置在安装、使用、维护、检修过程中的安全要求，还要熟知电气安全操作规程、学会电气灭火的方法、掌握触电急救的技能、通过该方面的考试，取得合格证明。

（5）新参加电气工作人员、实习人员和临时参加劳动人员，必须在接受安全知识教育后，方可到现场随同参加指定的工作，但不得单独工作。

5. 安全资料

安全资料是做好安全工作的重要依据。平时应多收集和保存相关的技术资料，以备不时之需。

（1）建立高压系统图、低压布线图、全厂架空线路和电缆线路布置图等其他图形资料，有助于人们日常的工作和检查。

（2）重要设备应单独建立资料，每次检修和试验记录应作为资料保存，以便核对。

（3）设备事故和人身事故需一同记录在案，警惕他人。

（4）注意收集国内外电气安全信息，分类归档，推广宣传。

◎电气安全作业有哪些工作制度

在电气设备上工作，保证安全的制度措施有以下几个方面。

1. 工作票制度

（1）工作票的方式：

在电气设备上工作，应填用工作票或按命令执行，其方式有下列三种。

①第一种工作票。其工作内容如下。

a. 高压设备上工作需要全部或部分停电的。

b. 高压室内的二次接线和照明等回路上的工作，需要将高压设备停电或采取安全措施的。

第一种工作票的格式见表5-1。

表5-1 第一种工作票

1.负责人（监护人）：班组：
2.工作班人：共 人
3.工作内容和工作地点：_____
4.计划工作时间：自年 月 日 时 分至年 月 日 时 分
5.安全措施：
6.许可开始工作时间：年 月 日 时 分
工作负责人签名： 工作许可人签名：_____
7.工作负责人变动：
原工作负责人：现工作负责人：
变动时间：年 月 日 时 分
工作票签发人签名：
8.工作票有效期延长至：年 月 日 时 分
工作负责人签名：_____
值班长（值班负责人）签名：_____
9.工作结束：
工作班人员已全部撤离，现场已清理完毕。
其结束时间：年 月 日 时 分
接地线共组已拆除。
工作负责人签名：_____ 工作许可人签名：_____
值班负责人签名：_____
10.备注：

②第二种工作票。其工作内容为：

a. 在带电作业和带电设备外壳上的工作。

b. 在控制盘和低压配电盘、配电箱、电源干线上的工作。

c. 在二次接线回路上的工作。

d. 在高压设备停电的工作。

e. 在转动中的发电机，同期调相激励磁回路或高压电动机转子电阻回路的工作。

f. 在当值值班人员用绝缘棒，电压互感器定相或用钳形电流表测量高压回路电流的工作。

第二种工作票的格式见表 5-2。

表 5-2　第二种工作票

编号：_____

1.工作负责人（监护人）：

班组：

工作人员：

2.工作任务：

3.计划工作时间：自年____月____日____分至年____月____日____时____分

4.工作条件（停电或不停电）：

5.注意事项（安全措施）：_____

工作票签发人签名：_____

6.许可开始工作时间：年____月____日____时____分

工作许可人(值班员)签名：_____

工作负责人名：_____

7.工作结束时间：年____月____日____时____分

工作许可人（值班员）签名：_____

工作负责人签名：_____

8.备注：

③口头或电话命令。口头或电话命令用于第一和第二种工作票以外的其他工作。口头或电话命令，必须清楚正确。值班员应将发令人、负责人及工作任务详细记入操作记录簿中，并向发令人复诵核对一遍。

（2）工作票填发要求：

①工作票一式两份，一份必须保存在工作地点，由工作负责人收执，另一份由值班员收执，按值移交。若在无人值班的设备上工作时，第二份工作票由工作许可人收执。

②每项工作只能发一张工作票。

③工作票上所列的工作地点以一个电气连接部分为限。如施工设备属于同一电压、位于同一楼层、同时停送电且不会触及带电导体时，可允许几个电气连接部分共用一张工作票。

④在几个电气连接部分依次进行不停电的同一类型的工作，可以发给一张第

二种工作票。

⑤若一个电气连接部分或一个配电装置全部停电，则所有不同地点的工作可以发给一张工作票，但要详细填明主要工作内容。

⑥几个班同时进行工作时，工作票可发给一个总的负责人。若在预定时间内仍未完成部分工作，则须在不妨碍送电者的情况下继续工作。在送电前，应按照送电后现场设备带电情况，办理新的工作票，待布置好安全措施后，方可继续工作。

⑦第一、第二种工作票的有效时间以批准的检修期为限。第一种工作票在预定时间内尚未完成工作的，应由工作负责人办理延期手续。

2. 工作许可制度

（1）工作票签发人：

工作票签发人应由车间或工区熟悉人员技术水平、设备情况和安全工作规程的生产领导人或技术人员担任。

工作票签发人的职责范围如下。

①确认工作的必要性。

②确认工作是否安全。

③确认工作票上所填安全措施是否正确完备。

④确认所派工作负责人和工作值班人员是否适当和足够，精神状态是否良好等。

（2）工作负责人：

工作负责人由车间或工区主管生产的领导书面批准。工作负责人可以填写工作票。

（3）工作许可人：

工作许可人不得签发工作票。

工作许可人的职责范围如下。

①审查工作票所列安全措施是否正确完备，是否符合现场条件。

②确认工作现场布置的安全措施是否完善。

③检查停电设备有无突然来电的危险。

④对工作票所列内容的任何疑问，大小巨细，都必须向工作票签发人询问清楚，必要时应要求作详细补充。

工作许可人在完成施工现场的安全措施后，还应会同工作负责人到现场检查所做的安全措施，证明检修设备确无电压，向工作负责人指明带电设备的位置和注意事项，并同工作负责人分别在工作票上签名。完成上述手续后，工作人员方能开始工作。

3. 工作监护制度

工作监护制度包含以下六项内容。

①完成工作许可手续后，工作负责人应向工作人员交代现场安全措施，带电部位和其他注意事项。

②工作负责人必须始终在工作现场，对工作人员的安全作业认真监护，及时纠正违反安全规程的操作。

③全部停电时，工作负责人可以参加工作班工作。

④部分停电时，工作人员只有在安全措施可靠不致误碰带电部分的情况下集中在同一地点工作。

⑤工作期间，工作负责人如果必须离开工作地点，应指定相关人员临时代替其监护职责，离开前应将工作现场交代清楚，并告知工作班人员。原工作负责人返回工作地点时，也应履行同样的交接手续。如果工作负责人需要长时间离开现场，应在原工作票签发人变更新工作负责人，两个工作负责人应做好必要的交接。

⑥值班员如发现工作人员违反安全规程或任何危及工作人员安全的情况，应向工作负责人提出改正意见，必要时可暂停工作，并立即报告上级。

4. 工作间断、转移和终结制度

①工作间断时，工作班人员应从工作现场撤出，所有安全措施保持不动，工作票仍由工作负责人执存。每日收工时，须将工作票交回值班员。次日复工时，应征得值班员许可，取回工作票。工作负责人必须先重新检查安全措施，确定符合工作票的要求后，方可工作。

②全部工作完毕，工作班人员应清理现场。工作负责人应先进行仔细检查，待全体工作人员撤离工作地点后，再向值班人员说明所修项目、发现问题、试验结果和存在问题等，并与值班人员共同检查设备状况、有无遗留物件、是否清洁等，然后在工作票上填明工作终结时间。经双方签名后，工作票告终结。

③只有在同一停电系统的所有工作票结束，拆除所有接地线、临时遮栏和标

志牌，恢复常设遮栏，并得到值班调度员或值班负责人的许可命令后，方可合闸送电。

◎如何使用电气安全标志

1. 安全色

安全色是指表达安全信息的颜色，表示禁止、警告、指令、提示等。国家规定的安全色有红、蓝、黄、绿四种颜色。红色表示禁止、停止；蓝色表示指令，必须遵守的规定；黄色表示警告、注意；绿色表示指示、安全状态、通行。

在电气上用黄、绿、红三色分别代表 L1、L2、L3 三个相序。红色的电器外壳是表示其外壳有电；灰色的电器外壳是表示其外壳接地或接零；线路上蓝色代表工作零线；黑色代表明敷接地扁钢或圆钢；黄绿双色绝缘导线代表保护零线。直流电中红色代表正极，蓝色代表负极，白色代表信号和警告回路。

2. 安全标志

安全标志是提醒人员注意或接标志上注明的要求去执行，保障人身和设施安全的重要记号。安全标志一般设置在光线充足、醒目、稍高于视线的地方。

（1）对于隐蔽工程（如埋地电缆等），在地面上要有标志桩或依靠永久性建筑挂标志牌，注明工程位置。

（2）对于容易被人忽视的电气部位（如封闭的架线槽、设备上的电气盒等），要用红漆画上电气箭头。

（3）使用标志牌，以提醒工作人员不得接近带电部分，不得随意改变刀闸的位置等。

（4）移动使用的标志牌要用硬质绝缘材料制成，上面要有明显标志，均根据规定使用。其有关资料见表5-3。

表5-3　标志牌的资料

名称	悬挂位置	尺寸（mm）	底色	字色
禁止合闸有人工作	一经合闸即可送电到施工设备的开关和刀闸操作手柄上	200×100 80×50	白底	红字

续表

名称	悬挂位置	尺寸（mm）	底色	字色
禁止合闸线路有人工作	一经合闸即可送电到施工设备的开关和刀闸操作手柄上	200×100 80×50	白底	红字
在此工作	室内和室外工作地点或施工设备上	250×250	绿底，中间有直径210mm的白圆圈	黑字，位于白圆圈中
止步高压危险	工作地点临近带电设备的遮栏上 室外工作地点附近带电设备的构架横梁上 禁止通行的过道上 高压试验地点	250×200	白底红边	黑色字，有红箭头
从此上下	工作人员上下的铁架梯子上	250×250	绿底中间有直径210mm的白圆圈	黑字，位于白圆圈中
禁止攀登高压危险	工作临近可能上下的铁架上	250×200	白底红边	黑字
已接地	看不到接地线的工作设备上	200×100	绿底	黑字

◎生产用电有哪些基本常识

在企业生产中，每个人都应自觉遵守有关安全用电方面规程制度，学会基本安全用电常识，其内容主要如下。

（1）拆开的、断裂的、裸露的带电接头，必须及时用绝缘物包好并放在人们不易碰到的地方。

（2）在工作中要尽量避免带电操作，尤其是手打湿的时候，必须进行带电操作，应尽量用一只手工作，另一只手可放在袋中或背后，同时最好有人监护。

（3）当有几个人进行电工作业时，应在接通电源前通知其他人。

（4）由于绝缘体的性能有时不太稳定，因此不要依赖绝缘体来防范触电。

（5）如果发现高压线断落时，千万不要靠近，至少要远离它 8～10m，并及时报告有关部门。

（6）如发现电气故障和漏电起火时，要立即切断电源开关。在未切断电源之前，不要用水或酸、碱泡沫灭火器灭火。

（7）发现有人触电时，应马上切断电源或用干木棍等绝缘物挑开触电者身上的电线，使触电者及时离开电源。如触电者呼吸停止，应立即施行人工呼吸，并马上送医院抢救。

二、电气操作安全规程

◎ 安全用电需要注意的常规措施

1. 火线必须进开关

火线进开关后，当开关处于分断状态时，用电器不带电，这样不但利于维修，还可减少触电机会。

2. 照明电压的合理选择

一般工厂和家庭的照明灯具多采用悬挂式，人体接触的机会较少，可选用 220V 的电压供电。在潮湿、有导电灰尘、有腐蚀性气体的情况下，则采用 24V，12V，甚至是 6V 的电压来供照明电。

3. 导线和熔断器的合理使用

导线通过电流时不允许过热，所以导线的额定电流比实际电流输出稍大。

熔断器是当电路发生短路时能迅速熔断以作保护的，所以不能选额定电流很大的熔断丝来保护小电流电路。

4. 电气设备要有一定的绝缘电阻

通常要求固定电气设备的绝缘电阻不低于 500kΩ。可移动电气设备应更高些，一般在使用电气设备的过程中须保护好绝缘层，以防止绝缘层老化变质。

5. 电气设备的安装要正确

电气设备应根据说明书进行安装，不可马虎从事，带电部分应有防护罩，必要时应用连锁装置以防触电。

6.采用各种保护用具

保护用具是保证工作人员安全操作的工具，主要有绝缘手套、绝缘鞋、绝缘棒、绝缘垫等。

7.电气设备的保护接地和保护接零

正常情况下，电气设备的外壳是不带电的。为防止绝缘层破损老化漏电，电气设备应采用保护接地和保护接零等措施。

◎电气安全用具如何管理

1.电气安全用具类别

（1）起绝缘作用的安全用具，如绝缘夹钳、绝缘杆、绝缘手套、绝缘靴和绝缘垫等。

（2）起验电或测量用的携带式电压和电流指示器的安全用具，如验电笔、钳型电流表等。

（3）防止坠落的登高作业的安全用具，如梯子、安全带、登高板等。

（4）保证检修的安全用具，如临时接地线、遮栏、指示牌等。

（5）其他安全用具，如防止灼伤的护目眼镜等。

2.电气安全用具保管制度

（1）存放用具的地方要干净、通风良好、无任何杂物堆放。

（2）凡橡胶制品类的，不可与油类接触，并小心损伤。

（3）绝缘手套、靴、夹钳等，应存放在柜内。使用中应防止受潮、受污等。

（4）绝缘棒应垂直存放，验电器用过后应存放于盒内，并置于干燥处。

（5）无论任何情况，电气安全用具均不可作为他用。

◎绝缘工具如何正确使用

绝缘是指利用不导电的物质将带电体隔离或包装起来，防止人体触电。绝缘通常分为气体绝缘、液体绝缘和固体绝缘。

1.绝缘工具检查

绝缘工具在使用前应详细检查是否有损坏，并用清洁干燥毛巾擦净。如不确定时，应用2500V摇表进行测定。其有效长度的绝缘值不低于10000MΩ，分段测定（电极宽2cm）则绝缘电阻值不得少于700MΩ。

2.使用绝缘操作棒的注意事项

（1）使用绝缘操作棒时，工作人员应戴绝缘手套和穿绝缘靴，以加强绝缘操作棒的保护作用。

（2）在下雨、下雪或潮湿天气时，室外使用绝缘棒应装设防雨的伞形罩，以使伞下部分的绝缘棒保持干燥。

（3）使用绝缘棒时要防止碰撞，以免损坏表面的绝缘层。

（4）绝缘棒应存放在干燥的地方，以免受潮。绝缘棒一般应放在特别的架子上或垂直悬挂在专用挂架上，以免变形弯曲。

3.使用绝缘手套和绝缘靴的注意事项

使用绝缘手套和绝缘靴时应注意三个问题。

（1）绝缘手套和绝缘靴每次使用前应进行外部检查，要求表面无损伤、磨损、划伤、破漏等，砂眼漏气时严禁使用。绝缘靴的使用期限是大底磨光为止，即当大底漏出黄色胶时，就不能再使用。

（2）绝缘手套和绝缘靴使用后应擦净、晾干。绝缘手套还应撒上些许滑石粉，避免黏结，保持干燥。

（3）绝缘手套和绝缘靴不得与石油类的油脂接触。合格的不能与不合格的混放在一起，以免错拿使用。

◎常用电气设备有何安全操作事项

1.手持电动工具的日常检查

手持电动工具日常检查有以下几方面内容。

（1）检查外壳、手柄有否裂缝和破损。

（2）检查保护接地或接零线是否正确、牢固可靠。

（3）检查软电缆或软线是否完好无损。

（4）检查开关动作是否正常、灵活，有无缺陷、破损。

（5）检查电气保护装置是否安装良好。

（6）检查工具转动部分是否转动灵活且无障碍。

2. 使用三相短路接地线的注意事项

使用三相短路接地线时应注意以下问题。

（1）接地线的连接器接触须安装良好方可使用，并保持足够的夹持力，防止短路电流幅值较大时，由于接触不良而熔断或因动力作用而脱落。

（2）应检查接地铜线和短路铜线的连接是否牢固。一般应用螺丝紧固后，再加焊锡，以防熔断。

（3）接地线的装设和拆除应进行登记，并在模拟盘上标记。

3. 使用高压验电器的注意事项

使用高压验电器时应注意五个问题。

（1）必须使用和被验设备电压等级相一致的合格验电器。

（2）验电前应先在有电的设备上进行试验，以验证验电器是否良好工作。

（3）验电时必须戴绝缘手套，手必须握在绝缘棒护环以下的部位，不准超过护环。

（4）对于发光型高压验电器，验电时一般不装设接地线，除非在木梯、木杆上验电，不接地不能指示时，才可装接地线。

（5）每次使用完验电器后，应将验电器擦拭干净放置在盒内，并存放在干燥通风处，避免受潮。为保安全，验电器应按规定周期进行试验。

4. 使用低压配电柜内的带电工作的注意事项

低压带电工作的安全要求如下。

（1）工作中应有专人监护，使用的工具必须带绝缘柄，严禁使用锉刀、金属尺和带有金属物的毛刷、毛弹等工具。

（2）工作时应站在干燥的绝缘物上进行，并戴手套、安全帽和穿长袖衣。低压接户线工作时，应随身携带低压试电笔。

（3）工作前应分清火线、地线、路灯线，选好工作位置。断开导线时，应先断火线，后断地线。搭设导线时的顺序与上述相反，人体不得同时接触两根线头。

（4）在低压配电柜内的带电工作时，应当采取防止相同短路和单相接地的隔离措施。

5. 停电操作程序

停电操作通常容易发生带负荷拉隔离开关和带电挂接地线，为防止事故的发生，应采取以下措施。

（1）检查有关表计指示是否允许拉闸，断开断路器。

（2）拉开负荷侧隔离开关和电源侧隔离开关。

（3）切断断路器的操作能源。

（4）拉开断路器控制回路的保险器。

（5）停电操作和验电挂接地线必须两人进行，一人操作，一人监护。

6. 送电操作程序

送电操作通常容易带地线合闸事故，为了防止其发生，应采取以下措施。

（1）检查设备上装设的各种临时安全措施接地线是否已完全拆除。

（2）检查有关的继电保护和自动装置确已按规定投入。

（3）检查断路器是否在断开位置。

（4）合上操作电源与断路器控制直流保险。

（5）台上电源侧隔离开关、断路器开关和负荷侧隔离开关。

（6）检查送电后的负荷电压应正常。

7. 使用隔离开关的注意事项

隔离开关操作应注意以下问题。

（1）操作之前，应先检查短路器是否已经断开。

（2）操作时应站好位置，动作要果断。拉、合后必须检查是否在适当位置。

（3）合闸时，在合闸终了的一段行程中，不要用力过猛，以免发生冲击而损伤瓷件。

（4）严禁带负荷拉、合隔离开关。

（5）停电时，应先拉负荷侧隔离开关，后拉电源侧隔离开关；送电时，应先合电源侧隔离开关，后台负荷侧隔离开关。

8. 使用万用表的注意事项

万用表的选择开关与量程开关多，用途广泛，所以在具体测量不同的对象时，除了要将开关指示尖头对准要测取的档位外，还要注意以下几点。

（1）万用表使用时一定要放平，放稳。

（2）使用前调整零点。如果指针不指零应转动调零旋钮，使指针调至"0"位。

（3）使用前选好量程，拨对转换开关的位置，每次测量都一定要根据测量的类别，将转换开关拨到正确的位置上。养成良好的使用习惯，决不允许拿测棒盲目测试。

（4）测量电压或电流，如对被测的数量无法准确估计时，应选用最大量程测试，如发现太小，再逐步转换到合适量程进行实测。

（5）测量电阻时，先将转换开关转到电阻挡位上（Ω），把两根表棒短接一起，再旋转调零旋钮使指针指至 0 位。

（6）测量直流电压或电流时，要注意测棒红色为"＋"，黑色为"－"。一方面插入表孔要严格按红、黑插入表孔的"＋""－"，另一方面接入被测电路的正、负极要正确。如发现指针顺转，说明接入是正确的，反之，则应将两表棒极性调换。

（7）在测量 500 ~ 2500V 电压时，特别注意量程开关要转换到 2500V，先将接地棒接上负极，后将另一测棒接在高压测点，要严格检查测棒、手指是否干燥，采取绝缘措施，以保安全。

（8）测量读数时，要看准所选量程的标度线。特别是测量 10V 以下小量程电压挡，读取刻度读数要仔细。

（9）不要带电拨动转换开关。尽量训练一只手操作测量，另一只手不要触摸被测物。

（10）每次测量完毕，应将转换开关转拨到交流电压最大量程位置，避免将转换开关拨停在电流或电阻挡，以防下次测电压时忘记改变转换开关而将表烧毁。

◎ 如何进行电气安全检查

1. 电气安全检查制度

电气安全检查制度的内容包括以下内容。

（1）定期组织安全检查。

（2）检查操作规程是否属违章现象、有无保护接地或保护接零。

（3）查配电盘上的仪表是否齐全和指示正确。

（4）查设备及线路的绝缘性能，室内外线路是否符合安全要求。

（5）查电气用具、灭火器材等是否齐全，且保管妥当。

2. 接地装置的维护与检查

接地装置每年应进行 1 ~ 2 次的全面性维护检查，内容如下。

（1）接地线有否折断、损伤或严重腐蚀。

（2）接地支线与接地干线的连接是否牢固。

（3）接地点土壤是否因受外力影响而松动。

（4）所有的连接处连接是否装好。

（5）检查引下线（0.5m）的腐蚀程度，若严重应立即换。

（6）做好接地装置的变更、检修、测量的记录。

3. 变压器现场检查

电力变压器应定期进行外部检查。经常有人值班的，每天至少检查一次，每星期进行一次夜间检查；有固定值班人员的至少每两个月检查一次。在有特殊情况或气温急剧变化时，要增加检查次数或即时检查。

变压器检查应包括以下内容。

（1）上层油温是否正常，是否超过 85℃；对照负载情况，是否有因变压器内部故障而引起过热。

（2）储油柜上的油位是否正常，一般应在油位表指示的 1/4 ~ 3/4 处。油面过低，散热不良，将导致变压器过热；油面过高，温度升高，油将膨胀而溢出箱外；同时，还要检查有无渗油或漏油现象，充油式套管的油位是否正常、油色是否有变质现象、套管有无损坏漏油现象等。

（3）变压器有无异常响声或响声较以前更大。

（4）出线套管、瓷瓶的表面是否清洁，有无破损裂纹及放电的痕迹。

（5）母线的螺栓接头有无过热现象。

（6）防爆管上的防爆膜是否完好，有无冒油现象。

（7）冷却系统的运转情况是否正常，散热管的温度是否均匀。

（8）呼吸器的干燥剂有无失效、箱壳有无渗油或漏油现象、外壳接地是否良好。

（9）变压器室内的通风情况是否良好、室内设备是否完整良好、保护设备是否良好。

（10）变压器常见的故障有：异常响声、油面不正常、油温过高、防爆管薄膜破裂、气体继电器动作、变压器着火等。

4. 继电器一般性检查

继电器的一般性检查有以下内容。

（1）继电器外壳用毛刷或干布擦干净，检查玻璃盖罩是否完整良好。

（2）检查继电器外壳与底座结合得是否牢固严密，外部接线端钮是否齐全，原铅封是否完好。打开外壳盖，内部如果有灰尘，可用皮老虎吹净，再用干布擦干。

（3）检查所有接点与支持螺丝、螺母有否松动现象，螺母不紧最容易造成继电器误动作。

（4）检查继电器各元件的状态是否正常，元件的位置必须正确。有螺旋弹簧的，平面应与其轴心严格垂直。各层弹簧之间不应有接触处，否则由于摩擦加大，可能使继电器动作曲线和特性曲线相差很大。

5. 电压互感器的巡视检查

电压互感器的巡视检查有以下内容。

（1）一次侧引线和二次回路的连接部分是否过热，熔断器是否完好。

（2）外壳及二次回路一点接地是否良好。

（3）有无强烈的震动和异常声音及异味。

（4）互感器是否过载运行。

6. 电流互感器在运行中的巡视检查

电流互感器在运行中的巡视检查有以下内容。

（1）有无放电、过热现象和异常声味。

（2）一次侧引线、线卡及二次回路上各部件应接触良好。

（3）外壳接地及二次回路的一点接地要良好。

（4）定期对互感器进行耐压实验。

7. 断路器运行中巡视检查

断路器运行中的巡视检查有以下内容。

（1）检查所带的正常最大负荷电流是否超过短路器的额定值。

（2）检查触头系统和导线连接点处有无过热现象，对有热元件保护装置的更要特别注意。

（3）检查电流分合闸状态、辅助触头与信号指示是否符合要求。

（4）监听断路器在运行中有无异常响声。

（5）检查传动机构有无变形、锈蚀、销钉松脱现象，弹簧是否完好。

（6）检查相间绝缘，主轴连杆有无裂痕，表面剥落和放电现象。

（7）检查脱扣器工作状态，整定值指示位置与被保护负荷是否相符，有无变动，电磁铁表面及间隙是否正常、清洁，短路环有无损伤，弹簧有无腐蚀，脱扣线圈有无过热现象和异常响声。

（8）检查灭弧室的工作位置有无震动而移动，有无破裂和松动情况，外观是否完整，有无喷弧痕迹和受潮现象，是否有因触头接触不良而发出放电响声。

（9）当灭弧室损坏时，无论是多相还是一相，都必须停止使用，以免在断开时造成飞弧现象，引起相间短路而扩大事故范围。

（10）当发生长时间的负荷变动时，应相应调节过电流脱扣器的整定值，必要时可更换开关和附件。

（11）检查绝缘外壳和操作手柄有无裂损现象。

（12）检查电磁铁机构及电动机合闸机构的润滑情况，机件有无裂损现象。

（13）在运行中发现过热现象，应立即设法减少负荷，停止运行并做好安全措施。

8. 交流接触器的巡视检查

交流接触器的巡视检查有以下内容。

（1）通过接触器的负荷电流应在额定电流值之内，可观察电流表和钳形电流表测量。

（2）接触器的分、合信号指示与电路所处状态是否一致。

（3）灭弧室内有无接触不良，且产生放电声，灭弧室有无松动和裂损。

（4）电磁线圈有无过热现象，电磁铁上的短路环有无断裂和松脱。

（5）与导线连接点有无过热现象，辅助触头是否有烧蚀现象。

（6）铁心吸合是否良好，有无过大的噪声，返回位置是否正常，绝缘杆确无损伤和断裂。

（7）周围环境有无不利于正常运行的情况，如有无导电粉尘，过大振动及通风是否良好。

三、电气事故与火灾的紧急处置

◎触电事故如何紧急处置

因人体接触或接近带电体，所引起的局部受伤或死亡的现象称为触电。

1. 触电事故的类型

触电事故的类型见表5-4。

表5-4　触电事故的类型

分类依据	类型	
按人体受害的程度不同	电伤	是指人体的外部受伤，如电弧烧伤，与带电体接触后的皮肤红肿以及在大电流下的熔化而飞溅出的金属粉末对皮肤的烧伤等
	电击	是指人体内部器官受伤。电击是由电流流过人体而引起的，人体常因电击而死亡，所以它是最危险的触电事故
引起触电事故的类型	单相触电	单相触电是指人体在地面或其他接地导体上，人体某一部分触及一相带电体的触电事故
	两相触电	是指人体两处同时触及两相带电体的触电事故
	跨步电压触电	当带电体接地有电流流入地下时电流在接点周围土壤中产生电压降，人在接地点周围，两脚之间出现电压即跨步电压，因此引起的触电事故叫跨步电压触电

2. 常见的电气设备触电事故

电气设备的种类很多，发生触电事故的情况是各种各样的，这里只把常见的、多发性的电气设备触电事故归纳见表5-5。

123

表 5-5　常见的电器设备触电事故

序号		触电情形
1	配电事故	这类触电事故主要发生在高压设备上，事故的发生大都是在进行工作时，由于没有办理工作票、操作票和实行监护制度、没有切除电源就扫清绝缘子、检查隔离开关、检查油开关或拆除电气设备等而引起的
2	架空线路	架空电路发生的事故较多，情况也各不相同。例如，导线折断触到人体、人体意外接触到绝缘已损坏的导线、上杠工作没有用腰带和脚扣，发生高空摔下
3	电缆	由于电缆绝缘受损或击穿，带电拆装移动电缆，电缆头发生击穿等原因而引起的触电事故
4	闸刀开关	这类触电事故主要由于敞露的闸刀开关、电器启动器没有护壳。带电维修这类设备，这类设备外壳没有接地等引起的
5	配电盘	这类事故主要是电气设备制造和结构上有缺点，屏前屏后的带电部分容易触碰等问题
6	熔断器	这类事故主要是带电裸手更换熔体、修理熔断器等引起的
7	照明设备	这类触电事故往往发生在更换灯泡、修理灯头时金属灯座、灯罩、护网意外带电、吊灯安装高度不够等
8	携带式照明灯	我国规定采用36V、24V、12V作为行灯的安全电压。如果将110V、220V使用在行灯上，尤其是在锅炉、金属筒、横烟道、房屋钢结构、铸造工使用高于安全电压的行灯，容易发生触电事故
9	电钻	主要是电钻的外壳没有接地，插头座没有接地端头，导线中没有专用一股接地或接零导线；其次是接线错误，把接地或接零线误接在火线上等引起触电事故
10	电焊设备	这类事故是电焊变压器反接产生高压或错接在高压电源上，电焊变压器外壳没有接地等原因造成
11	电炉	由于电阻炉进料时误接及热元件，电弧炉进线导电部分没有防护；电焊变压器外壳没有接地等原因造成
12	未接地或接触不良	电器设备的外壳（金属），由于绝缘损坏而意外呈现电压，引起触电事故

3. 常见的触电原因

（1）违章冒险。如在严禁带电操作的情况下操作，而冒险在无必要保护措施下带电操作，结果是触电受伤或死亡。

（2）缺乏电气知识。如在防爆区使用一般的电气设备，当电气设备开关时产生火花，而发生爆炸。又如发现有人触电时，不是及时切断电源或用绝缘物使触电者脱离电器电源，而是用手去拉触电者等。

（3）输电线或用电设备的绝缘损坏。当人体无意触着因绝缘或带电金属时，就会触电。电压对人体的影响及可接近的最小距离见表5-6。

表5-6　电压对人体的影响及可接近的最小距离

接触时的情况		可接近的距离	
电压（V）	对人体的影响	电压（kV）	设备不停电时的安全距离（m）
10	全身在水中时跨步电压界限为10V/m	10以下	0.7
20	湿手安全界限	20～35	1.0
30	干燥手安全界限	44	1.2
50	对人体生命没有危险的安全界限	60～110	1.5
100～200	危险性急剧增大	154	2.0
200以上	对人体生命发生危险	220	3.0
3000	被带电体吸引	330	4.0
10000以上	有被弹开脱离危险的可能	500	5.0

4.触电的紧急救护

当进行触电急救时，要求动作迅速，使用正确救护方法，切不可惊慌失措、束手无策。

（1）触电者急救。凡遇到有人触电，必须用最快的方法使触电者脱离电源，千万不能赤手空拳拉还未脱离电源的触电者，另外，在触电解救中，还应注意高处的触电者坠落受伤。

（2）紧急救护。在触电者脱离电源后，应立即进行现场紧急救护工作，并及时报告医院，千万不能将触电者抬来抬去，应将他抬到空气流通、温度适宜的地方休息，更不可盲目地给假死者注射强心针。

◎ 电气火灾如何紧急处置

引起电气设备发热及发生电气火灾的原因主要是短路、过载、接触不良，具体见表5-7。

表5-7　电气火灾发生的原因

序号	引起火灾的原因	情形
1	短路	（1）电气设备绝缘体老化变质，受机械损伤，高温、潮湿或腐蚀作用下，绝缘体遭受破坏 （2）由于雷电等过电压的作用，使绝缘体击穿 （3）安装或维修工作中，由接线或操作错误所致 （4）管理不善，有污物聚集或小动物钻入等
2	过载	（1）设计选用的线路、设备不合理，以致在额定负载下出现过热 （2）使用不合理，如超载运行，连接使用时间过长，超过线路的设计能力，造成过热 （3）设备故障造成的设备和线路过载，如三相电动机断相运行，三相变压器不对称运行，均可造成过热
3	接触不良	（1）不可拆卸的接头连接不牢，焊接不良或焊头处混有杂物 （2）可拆卸的接头不紧密，或由于震动而松动 （3）活动锄头，如刀开关的触点、接触器的触点、插入式短路器的触点、插销的触点，如果没有足够的接触压力或接触粗糙不平，都会导致过热 （4）对于铜铝接头，由于两者性质不同，接头处易受电解作用而腐蚀，从而导致过热

1.电火警发生时的处理

发生电火警时，最重要的是必须首先切断电源后救火，并及时报警。

应选用二氧化碳灭火剂、1211灭火剂或黄沙灭火，但应注意不要将二氧化碳喷射到人体的皮肤和脸上，以防冻伤和窒息。在没有确知电源已被切断时，决不允许用水或普通灭火器来灭火，因为万一电源没被切断，就会有触电的危险。

2.电气灭火的注意事项

（1）为了避免触电，人体与带电体之间应保持足够的安全距离。

（2）对架空线路等设备灭火时，要防止导线断落伤人。

（3）电气设备发生接地时，室内扑救人员不得进入距故障点4m以内，室外扑救人员不得接近故障点8m以内距离。

第六章

危险化学品安全管理

一、危险化学品安全基础知识

◎ 什么是危险化学品

危险化学品是指具有爆炸、易燃、毒害、腐蚀、放射性等危险性质，在运输、装卸、生产、使用、储存、保管过程中，在一定条件下能引起燃烧、爆炸，导致人身伤亡和财产损失等事故的化学物品。

1. 危险化学品的特性

危险化学品一般都具有易燃、易爆、腐蚀毒害性，容易造成灾难性事故。

2. 危险化学品的种类

危险化学品的种类，根据其危害特性可分为以下八大类，见表6-1。

表6-1 危险化学品的种类

序号	种 类	举例说明
1	爆炸品	硝化甘油、TNT等
2	压缩气体和液化气体	氢气、氨气、石油液化气等
3	易燃液体	苯、天那水、异丙醇、胶水等
4	易燃固体、自燃物品和遇湿易燃物品	黄磷、镁粉、钠、钾、氢化铝等
5	氧化剂和有机过氧化物	氯酸钾、过氧化钠等
6	放射性物品	锂、铀等
7	毒害品	硝基苯、氰化物等
8	腐蚀品	硝酸、发烟硫酸等

3. 危险化学品的毒害性

许多危险化学品不仅能引起接触者中毒，而且可以造成人体细胞突变、胎儿畸形和致癌等不良影响。危险化学品的毒害性一般与化学品的种类、性质、浓度大小和接触时间长短及人的身体素质密切相关。

4. 进入人体途径

危险化学品的毒物一般通过呼吸道、皮肤、消化道三种途径进入人体而造成伤害。

◎ 化学品的安全说明书

化学品安全说明书（Material Safety Data Sheet）MSDS，国际上称作化学品安全信息卡，是化学品生产商和经销商按法律要求必须提供的化学品理化特性（如 pH、闪点、易燃度、反应活性等）、毒性、环境危害以及对使用者健康（如致癌、致畸等）可能产生危害的一份综合性文件。它包括危险化学品的燃、爆性能，毒性和环境危害，以及安全使用、泄漏应急救护处置、主要理化参数、法律法规等方面信息的综合性文件。

一般国家规范编写的内容包括（目录）以下几项。

第一项：制造商和联系方法（Section 1. Manufacture's Name and Contact Information）。

第二项：危险化学品组分（Section 2. Hazardous Ingredients）。

第三项：理化特性（Section 3. Physical/Chemical Characteristics）。

第四项：燃烧与爆炸数据（Section 4. Fire and Explosion Hazard Data）。

第五项：反应活性数据（Section 5. Reactivity Data）。

第六项：健康危害数据（Section 6. Health Hazard Data）。

第七项：安全操作和使用方法（Section 7. Precautions for Safe Handling and Use）。

第八项：防护方法（Section 8. Control Measure）。

美国标准协会 ANSI 以及国际标准机构 ISO 建议实行的 MSDS 内容包括以下几项。

1. 化学品及企业标识（chemical product and company identification）

主要标明化学品名称、生产企业名称、地址、邮编、电话、应急电话、传真和电子邮件地址等信息。

2. 成分 / 组成信息（composition/information on ingredients)

标明该化学品是纯化学品还是混合物。纯化学品，应给出其化学品名称或商品名和通用名。混合物，应给出危害性组分的浓度或浓度范围。无论是纯化学品还是混合物，如果其中包含有害性组分，则应给出化学文摘索引登记号（CAS 号）。

3. 危险性概述（hazards summarizing）

简要概述本化学品最重要的危害和效应，主要包括：危害类别、侵入途径、健康危害、环境危害、燃爆危险等信息。

4. 急救措施（first-aid measures）

指作业人员意外地受到伤害时，所需采取的现场自救或互救的简要处理方法，包括：眼睛接触、皮肤接触、吸入、食入的急救措施。

5. 消防措施（fire-fighting measures）

主要表示化学品的物理和化学特殊危险性，适合灭火介质，不合适的灭火介质以及消防人员个体防护等方面的信息，包括：危险特性、灭火介质和方法、灭火注意事项等。

6. 泄漏应急处理（accidental release measures）

指化学品泄漏现场可采用的简单有效的应急措施、注意事项和消除方法，包括：应急行动、应急人员防护、环保措施、消除方法等内容。

7. 操作处置与储存（handling and storage）

主要是指化学品操作处置和安全储存方面的信息资料，包括：操作处置作业中的安全注意事项、安全储存条件和注意事项。

8. 接触控制 / 个体防护（exposure controls/personal protection）

在生产、操作处置、搬运和使用化学品的作业过程中，为保护作业人员免受化学品危害而采取的防护方法和手段。包括：最高容许浓度、工程控制、呼吸系统防护、眼睛防护、身体防护、手防护、其他防护要求。

9. 理化特性（physical and chemical properties）

主要描述化学品的外观及理化性质等方面的信息，包括：外观与性状、pH值、沸点、熔点、相对密度（水 =1）、相对蒸气密度（空气 =1）、饱和蒸气压、燃烧热、临界温度、临界压力、辛醇 / 水分配系数、闪点、引燃温度、爆炸极限、溶解性、主要用途和其他一些特殊理化性质。

10. 稳定性和反应性（stability and reactivity）

主要叙述化学品的稳定性和反应活性方面的信息，包括：稳定性、禁配物、应避免接触的条件、聚合危害、分解产物。

11. 毒理学资料（toxicological information）

提供化学品的毒理学信息，包括：不同接触方式的急性毒性（LD50、LD50）、刺激性、致敏性、亚急性和慢性毒性，致突变性、致畸性、致癌性等。

12. 生态学资料（ecological information）

主要陈述化学品的环境生态效应、行为和转归，包括：生物效应（如LD50、LD50）、生物降解性、生物富集、环境迁移及其他有害的环境影响等。

13. 废弃处置（disposal）

是指对被化学品污染的包装和无使用价值的化学品的安全处理方法，包括废弃处置方法和注意事项。

14. 运输信息（transport information)

主要是指国内、国际化学品包装、运输的要求及运输规定的分类和编号，包括：危险货物编号、包装类别、包装标志、包装方法、UN 编号及运输注意事项等。

15. 法规信息（regulatory information）

主要是化学品管理方面的法律条款和标准。

16. 其他信息（other information）

主要提供其他对安全有重要意义的信息，包括：参考文献、填表时间、填表部门、数据审核单位等。

◎化学品的安全标签与标志

1. 化学品安全标签

化学品安全标签（图 6-1），是警示接触化学品的人员该化学品具有危险性，引导其正确掌握该化学品的使用方法和安全处置方法。其主要内容如下。

（1）化学品名和其主要有害成分标志。

（2）警示语。

（3）危险性描述。

（4）安全措施。

（5）灭火措施。

（6）生产批号。

（7）提示购买者或使用者向生产销售企业索取安全技术说明书。

（8）生产企业名称、地址、邮编、电话。

（9）应急咨询电话。

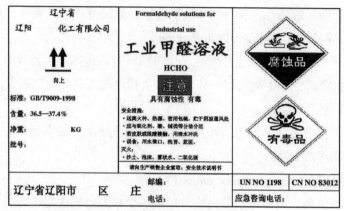

图6-1　危险化学品标签样式

2. 危险货物包装标志

危险货物包装标志是用来标明危险化学品的。这类标志为了能引起人们的特别警惕，采用特殊的彩色或黑白菱形图示。危险货物包装标志必须指出危险货物的类别及危险等级。这类标志参见图 6-2 ～图 6-19。

（1）爆炸品标志（图 6-2）。

①图形。

图6-2　爆炸品标志

②图案颜色。符号：黑色；底色：橙红色。

③用途。用于货物外包装上。表示包装体内有爆炸品，受到高热、摩擦、冲击或其他物质接触后，即发生剧烈反应，产生大量的气体和热量而引起爆炸。例

如，炸药、雷管、导火线、三硝甲苯、过氧化氢等产品。

（2）易燃气体标志（图6-3）。

①图形。

图6-3　易燃气体标志

②图案颜色。符号：黑色或白色；底色：正红色。

③用途。用于货物外包装上。表示包装体内为容易燃烧并因冲击，受热而产生气体膨胀，有引起爆炸和燃烧危险的气体。例如丁烷等。

（3）不燃气体标志（图6-4）。

①图形。

图6-4　不燃气体标志

②图案颜色。符号：黑色或白色；底色：绿色。

③用途。用于货物外包装上。表示包装体内有爆炸危险的不燃压缩气体，易因冲击、受热而产生气体膨胀，引起爆炸。例如液氮等。

（4）有毒气体标志（图6-5）。

①图形。

图6-5　有毒气体标志

②图案颜色。符号：黑色；底色：白色。

③用途。用于货物外包装上。表示包装体内为有毒气体，极易因冲击、受热而产生气体膨胀，而引起爆炸、造成中毒危险的气体。

（5）易燃液体标志（图6-6）。

①图形。

图6-6　易燃液体标志

②图案颜色。符号：黑色或白色；底色：正红色。

③用途。用于货物外包装上。表示包装体内为易燃性液体，燃点较低，即使不与明火接触，也会因受热、冲击或接触氧化剂引起急剧的燃烧或爆炸。例如，汽油、甲醇、煤油、天那水等产品。

（6）易燃固体标志（图6-7）。

①图形。

图6-7 易燃固体标志

②图案颜色。符号：黑色或白色；底色：正红色。

③用途。用于货物外包装上。表示包装体内为易燃性固体、燃点较低，即使不与明火接触，也会因受热、冲击或摩擦以及与氧化剂接触时，能引起急剧的燃烧或爆炸的物品。例如，电影胶片、硫黄、赛璐珞、炭黑等产品。

（7）自燃物品标志（图6-8）。

①图形。

图6-8 自燃物品标志

②图案颜色。符号：黑色；底色：上白下红。

③用途。用于货物外包装上。表示包装体内为自燃性物质，即使不与明火接触，在适当的温度下也能发生氧化作用，放出热量，因积热达到自燃点而引起燃烧。例如，天那水、黄磷、白磷、磷化氢等产品。

（8）遇湿易燃物品标志（图6-9）。

①图形。

图6-9　遇湿易燃物品标志

②图案颜色。符号：黑色或白色；底色：蓝色。

③用途。用于货物外包装上。表示包装体内物品遇水受潮能分解，产生可燃性有毒气体，放出热量，会引起燃烧或爆炸。例如，电石、金属钠等产品。

（9）氧化剂标志（图6-10）。

①图形。

图6-10　氧化剂标志

②图案颜色。符号：黑色；底色：柠檬黄色。

③用途。用于货物外包装上。表示包装体内为氧化剂，例如，氯酸钾、硝酸钾、硝酸铵、亚硝酸钠、铬酸酐、过锰酸钾等产品，具有强烈的氧化性能，当遇酸、潮湿、高热、摩擦、冲击或与易燃有机物和还原剂接触时即能分解，引起燃烧或爆炸。

（10）有机过氧化物标志（图6-11）。

①图形。

图6-11 有机过氧化物标志

②图案颜色。符号：黑色；底色：柠檬色。

③用途。用于货物外包装上。表示包装体内为有机过氧化物，本身易燃、易爆、极易分解，对热、震动、摩擦极为敏感。

（11）有毒品标志（图6-12）。

①图形。

图6-12 有毒品标志

②图案颜色。符号：黑色；底色：白色。

③用途。用于货物外包装上。表示包装体内为有毒物品，具有较强毒性，少量接触皮肤或侵入人体内，能引起局部刺激、中毒，甚至造成死亡的货物。例如，氟化物、钡盐、铅盐等产品。

（12）剧毒品标志（图6-13）。

①图形。

图6-13 剧毒品标志

②图案颜色。符号：黑色；底色：白色。

③用途。用于货物外包装上。表示包装内为剧毒物品，例如，氰化物、砷酸盐等，具有强烈毒性，极少量接触皮肤或侵入人体、牲畜体内，即能引起中毒造成死亡。

（13）有害品（远离食品）标志（图6-14）。

①图形。

图6-14 有害品（远离食品）标志

②图案颜色。符号：黑色；底色：白色。

③用途。用于货物外包装上。表示包装体内为有害物品，不能与食品接近。这种物品和食品的垂直、水平间隔距离至少应为3m。

（14）感染性物品标志（图6-15）。

①图形。

图6-15　感染性物品标志

②图案颜色。符号：黑色；底色：白色。

③用途。用于货物外包装上。表示包装体内为含有致病微生物的物品，误吞咽、吸入或皮肤接触会损害人的健康。

（15）一级放射性物品标志（图6-16）。

①图形。

图6-16　一级放射性物品标志

②图案颜色。符号：黑色；底色：白色，附一条红竖线。

③用途。用于货物外包装上。表示包装体内为放射量较小的一级放射性物品，能自发地、不断地放出 α 、 β 、 γ 等射线。

（16）二级放射性物品标志（图6-17）。

①图形。

图6-17 二级放射性物品标志

②图案颜色。符号：黑色；底色：白色，附两条红竖线。

③用途。用于货物包装上。表示包装体内为放射量中等的二级放射性物品，能自发地、不断地放出 α、β、γ 等射线。

（17）三级放射性物品标志（图6-18）。

①图形。

图6-18 三级放射性物品标志

②图案颜色。符号：黑色；底色：白色，附三条红竖线。

③用途。用于货物外包装上。表示包装体内为放射量很大的三级放射性物品，能自发地、不断地放出 α、β、γ 等射线。

（18）腐蚀品标志（图6-19）。

①图形。

图6-19 腐蚀品标志

②图案颜色。符号：上黑下白；底色：上白下黑。

③用途。用于货物外包装上。表示包装体内为带腐蚀性的物品，如硫酸、盐酸、硝酸、氢氧化钾等产品，具有较强的腐蚀性，接触人体或物品后，即产生腐蚀作用，出现破坏现象，甚至引起燃烧、爆炸，造成伤亡的货物。

◎危险化学品的储存技术要求

危险化学品的储存要求见表6-2。

表6-2 危险化学品储存要求

序号	分类	储存要求
1	遇火、遇热、遇潮能引起燃烧、爆炸或发生化学反应，产生有毒气体的危险化学品	不得在露天或在潮湿、积水的建筑物中储存
2	受日光照射能发生化学反应引起燃烧、爆炸、分解、化合或能产生有毒气体的危险化学品	应储存在一级建筑物中，其包装应采取避光措施
3	压缩气体和液化气体	必须与爆炸物品、氧化剂、易燃物品、自物品、腐蚀性物品隔离储存
4	易燃气体	不得与助燃气体、剧毒气体同储；氧气不得和油脂混合储存，盛装液化气体的容器，属压力容器的，必须有压力表、安全阀、紧急切断装置，并定期检查，不得超装

序号	分类	储存要求
5	易燃液体、遇湿易燃物品、易燃固体	不得与氧化剂混合储存，具有还原性的氧化剂应单独存放
6	有毒物品	应储存在阴凉、通风、干燥的场所，不要露天存放，不要接近酸类物质
7	腐蚀性物品	包装必须严密，不允许泄漏，严禁与液化气体和其他物品共存

◎ 化学品储存火灾的九大肇因

危险化学品储存发生火灾的原因主要有以下九种情况。

1. 着火源控制不严

着火源是指可燃物燃烧的一切热能源，包括明火焰、赤热体、火星和火花、化学能等。在危险化学品的储存过程中的着火源主要有两个方面。

（1）外来火种。如烟囱飞火、汽车排气管的火星、库房周围的明火作业、没有熄灭的烟头等。

（2）设备不良、操作不当引起的电火花、撞击火花和太阳能、化学能等。如电器设备、装卸机具不防爆或防爆等级不够；装卸作业使用铁质工具碰击打火；危险化学品露天存放致太阳暴晒；易燃液体操作不当产生静电放电等。

2. 着火扑救不当

因不熟悉危险化学品的性能和灭火方法，着火时使用不当的灭火器材使火灾扩大，造成更大的危险。

3. 产品变质

危险化学品存放时间过长，产生变质而引起事故。

4. 禁忌物品混存

危险化学品的禁忌物料混存，往往是由于经办人员缺乏相关知识或者是有些危险化学品出厂时缺少鉴定；也有的是企业储存场地短缺而任意临时混存。性质抵触的危险化学品会因包装容器渗漏等原因发生化学反应而起火。

5. 养护管理不善

仓库建筑条件差，不适应所存物品的要求。如不采取隔热措施，使物品受热；因保管不善，仓库漏雨进水使物品受潮；盛装的容器破漏，使物品接触空气或易燃物品蒸气扩散和积聚等均会引起着火或爆炸。

6. 包装损坏或不符合要求

危险化学品容器包装损坏，或者出厂的包装不符合安全要求，都会引起事故。

7. 建筑物不符合存放要求

危险品库房的建筑设施不符合要求，造成库内温度过高，通风不良，湿度过大，漏雨进水，阳光直射；有的缺少保温设施，使物品达不到安全储存的要求而发生火灾。

8. 违反操作规程

搬运危险化学品没有轻装轻卸，或者堆垛过高不稳，发生倒塌；或在库内改装打包、封焊修理等违反安全操作规程造成事故。

9. 雷击

危险品仓库一般都是设在城镇郊外空旷地带的独立的建筑物或露天储罐或堆垛区，十分容易遭雷击，而企业没有安装避雷设施。

◎危险化学品的装卸搬运使用要求

危险化学品的装卸搬运使用过程中，都有可能引发事故，所以，必须按照相关要求进行各项工作。

（1）在装卸搬运化学危险物品前，要做好准备工作，了解物品性质，检查装卸搬运的工具是否牢固，不牢固的应予以更换或修理。如工具上曾被易燃物、有机物、酸、碱等污染的，必须清洗后方可使用。

（2）装卸搬运时，操作人员应根据不同物资的危险特性，分别穿戴相应合适的防护用具(包括工作服、橡皮围裙、橡皮袖罩、橡皮手套、长筒胶靴、防毒面具、滤毒口罩、纱口罩、纱手套和护目镜等)，对毒害、腐蚀、放射性等物品更应加强注意。操作前应由专人检查用具是否妥善，穿戴是否合适。操作后应及时进行清洗或消毒，放在专用的箱柜中保管。

（3）操作中，对化学危险物品应轻拿轻放，防止撞击、摩擦、碰摔、震动。液体铁桶包装下垛时，不可用跳板快速溜放，应在地上、垛旁垫旧轮胎或其他松软物，缓慢放下。标有不可倒置标志的物品切勿倒放。一旦发现包装破漏，必须立即移至安全地点整修或更换包装。整修时不可使用可能发生火花的工具。

（4）在装卸搬运化学危险物品时，禁止饮酒、吸烟。工作完毕后，**根据工作**情况和危险品的性质及时清洗手、脸、漱口或淋浴。装卸搬运毒害品时，必须保持现场空气流通，如果发现恶心、头晕等中毒现象，应立即到新鲜空气处休息，脱去工作服和防护用具，清洗皮肤沾染部分，重者送医院诊治。

◎危险化学品的防火防爆技术措施

1. 采取燃爆防止措施。

应采取下列措施防止燃爆发生。

（1）尽量不使用或减少使用可燃物。

（2）生产设备及系统尽量密闭化。

（3）采取通风除尘措施。

（4）设置可燃气体浓度检测报警仪。

（5）使用惰性气体保护。

（6）对燃爆危险化学品的使用、储存和运输等要采取针对性的防范措施。

2. 防止产生着火源

为使火灾、爆炸不具备发生的条件，应该采取以下措施。

（1）防止撞击、摩擦产生火花。

（2）防止因可燃气体绝热压缩而着火。

（3）防止高温表面引起着火。

（4）防止热射线（日光）直接照射。

（5）防止电气火灾爆炸事故。

（6）消除静电火花。

（7）采取措施，预防雷击。

（8）防止明火（维修用火）。

（9）应用防爆电器、防爆工器具。

3. 安装防火防爆安全装置

安装防火防爆安全装置是防火防爆的有效措施。如按照阻火器、防爆片、防爆窗、阻火闸门以及安全阀等，以防止发生火灾和爆炸。

二、危险化学品安全管理实务

◎压缩气体与液化气如何安全搬运

在搬运压缩气体和液化气体时，需要注意以下事项。

（1）储存压缩气体和液化气体的钢瓶是高压容器，装卸搬运作业时，应用抬架或搬运车，防止撞击、拖拉、摔落，禁止溜坡滚动。

（2）搬运前应检查钢瓶阀门是否漏气，搬运时切勿把钢瓶阀对准人身，注意防止钢瓶安全帽跌落。

（3）装卸有毒气体钢瓶，应穿戴防毒用具；要当心剧毒气体钢瓶漏气，以防吸入毒气。

（4）搬运氧气钢瓶时，工作服和装卸工具不得沾有油污。

（5）易燃气体严禁接触火种，在炎热季节搬运作业应安排在早晚阴凉时进行。

◎易燃易爆气体如何搬运

所谓易燃液体，即凡在常温下以液体状态存在，遇火容易引起燃烧，其闪点在45℃以下的物质。易燃液体的闪点低、汽化快、蒸汽压力大，又容易和空气混合成爆炸性的混合气体，在空气中浓度达到一定范围时，不但使火焰能引起它起火燃烧或蒸汽爆炸，其他如火花、火星或发热表面都能使其燃烧或爆炸。因此，在装卸搬运作业时必须注意以下几点。

（1）装卸搬运作业前应先进行通风。

（2）装卸搬运过程上不能使用黑色金属工具，必须使用时应采取可靠的防护措施；装卸机具应装有防止产生火花的防护装置。

（3）在装卸搬运时必须轻拿轻放，不得滚动、摩擦、拖拉。

（4）夏季运输要安排在早晚阴凉时间进行作业。雨雪天作业要采取防滑措施。

（5）罐车运输要有接地链，以泄放静电。

◎易燃固体如何安全装卸搬运

易燃固体是指在常温下以固态形式存在，燃点较低，遇火受热、撞击、摩擦或接触氧化剂能引起燃烧的物质，如赤磷、硫黄、松香、樟脑、镁粉等。

易燃固体燃点低，对热、撞击、摩擦敏感，容易被外部火源点燃，而且燃烧迅速，并散发出有毒气体。因此，在装卸搬运时要按以下要求处理。

（1）装卸搬运作业时，应用抬架或搬运车，防止撞击、拖拉、摔落，禁止溜坡滚动。

（2）搬运前应检查包装是否完整，注意是否有破损。

（3）装卸有毒固体物应穿戴防毒用具。

（4）易燃固体严禁接触火种或强酸强碱物质。

（5）在炎热季节搬运作业应安排在早晚阴凉时进行。

（6）作业人员禁止穿带铁钉的鞋，禁止与氧化剂、酸类物资共同搬运。

◎遇湿燃烧品如何安全装卸搬运

遇湿燃烧物品指的是与水或空气中的水分能发生剧烈反应，放出易燃气体和热量，具有发生火灾危险的物品。遇湿燃烧物品与水相互作用时发生剧烈的化学反应，放出大量的有毒气体和热量，由于反应异常迅速，反应时放出的气体和热量又多，使所放出来的可燃性气体迅速地在周围空气中达到爆炸极限，一旦遇明火或由于自燃而引起爆炸。所以在搬运装卸作业时要注意以下几点。

（1）要注意防水、防潮，雨雪天没有防雨设施禁止作业。若有汗水应及时擦干，绝对不能直接接触遇水燃烧物品。

（2）在装卸搬运中禁止翻滚、撞击、摩擦、倾倒，必须做到轻拿轻放。

（3）电石桶搬运前须先放气，使桶内乙炔气放尽，然后搬动。

（4）搬运过程中须两人抬扛，不得滚桶、重放、撞击、摩擦，防止引起火花；同时工作人员须站在桶身侧面，避免人身冲向电石桶面或底部，以防爆炸伤人。

（5）严禁与其他类别危险化学品混装混运。

◎有毒及腐蚀品如何安全装卸搬运

毒害物品，特别是剧毒物品，少量进入人体或接触皮肤，就能造成局部刺激或中毒，甚至死亡。腐蚀物品具有强烈腐蚀性，除对人体、动植物体、纤维制品、金属等能造成破坏外，甚至会引起燃烧、爆炸。装卸、搬运时必须注意以下几点。

（1）在装卸、搬运时，要严格检查包装容器是否符合规定，包装必须完好。

（2）作业人员必须穿戴防护服、胶手套、胶围裙、胶靴、防毒面具等防护用具。

（3）装卸剧毒物品时要先通风再作业，作业区要有良好的通风设施。

（4）剧毒物品在运输过程中必须派专人押运。

（5）装卸要平稳，轻拿轻放，不得肩扛、背负、冲撞、摔碰，以防止包装破损。

（6）严禁作业过程中饮食；作业完毕后必须更衣洗澡；防护用具必须清洗干净后方能再用。

（7）装运剧毒品的车辆和机械用具，都必须彻底清洗，才能装运其他物质。

（8）装卸现场应备有清水、苏打水和稀醋酸等，以备急用。

（9）腐蚀物品装载不宜过高，严禁架空堆放。

（10）坛装腐蚀品运输时，应套木架或铁架。

◎怎样进行危险化学品的定期检查

危险化学品入库后应根据商品的特性采取适当的养护措施，在储存期内定期检查，做到一日两检，并做好检查记录（表6-3）。发现有品质变化、包装破损、渗漏、稳定剂短缺等要及时处理。

表6-3 危险化学品安全检查表

检查人员：　　　　　　　　　　　　　　　　　　　　检查时间：

序号	检查内容	检查方法及标准	检查结果			
			符合	不符合及主要问题	整改要求	整改结果
1	危险化学品是否定点存放	危险化学品应定点存放在指定区域或房间				
2	危险化学品存放点是否符合安全运行要求	危险化学品存放点应符合通风、防晒、防潮、防泄漏等要求				
3	危险化学品场所安全、消防设施是否正常运行	危险化学品生产、使用、储存场所安全、消防设施应正常运行，以确保安全				
4	危险化学品存放是否规范	应当根据危险化学品的种类、特性分类、分开存放，避免发生化学反应				
5	危险化学品场所安全标志是否完好	危险化学品场所安全标志应完好				
6	危险化学品出入库管理是否规范	危险化学品应按照出入库管理进行规范管理，并有相应的出入库登记等				

续表

序号	检查内容	检查方法及标准	检查结果			
			符合	不符合及主要问题	整改要求	整改结果
7	装卸、搬运危险化学品是否按照规定进行	装卸、搬运危险化学品应做到轻装、轻卸，严禁摔、碰、撞击、拖拉、倾倒等				
8	危险化学品作业场所员工是否遵守安全规章制度和操作规程	危险化学品作业场所员工是否遵守安全规章制度和操作规程				
9	作业场所员工是否按规定正确穿戴、使用防护用品	作业场所员工应按规定正确穿戴、使用防护用品				
10	其他安全隐患					

检查考核意见：

检查部门负责人：

被检查部门现场人员： 被检查部门负责人：

◎怎样进行化学品的废弃处理

1.废物的收集

对于没有使用完的危险化学品不能随意丢弃，否则可能会引发意外事故。如往下水道倒液化气残液，遇到火星会发生爆炸等。正确的方法是要按照化学品的特性及企业的规定对之进行分类处理。

剧毒品用完之后，留下的包装物必须严加管理，使用部门应登记造册，指定专人交物资回收部门，由专人负责管理。

2.危险化学品的处理

对于不可回收的废弃物，由有资质的企业进行处理，或使用部门达标后排放化学废液排放排至污水处理站。

◎易燃易爆气体泄漏怎么办

易燃、易爆气体泄漏容易发生爆燃；液化气体泄漏易产生白雾，易产生静电，并因静电放电而引起爆燃，从而造成人员中毒；易燃、易爆气体一旦泄漏扩散范围广，难以控制，易形成大面积火灾。所以千万防止易燃、易爆气体泄漏。

处置易燃、易爆气体泄漏事故，必须及时堵漏，控制火源，排除险情，严防爆燃。

1.迅速堵漏

首先必须想尽一切办法尽快堵漏，防止大量泄漏和大面积扩散。堵漏时应区分泄漏气体的物理特性及泄漏部位，根据具体情况采取以下相应堵漏措施。

（1）停止输送气体或关闭泄漏点相邻部位阀门，切断泄漏源口。

（2）对于管道泄漏或罐体孔洞型泄漏，应使用专用的管道内封式、外封式、捆绑式充气堵漏工具进行迅速堵漏，或用金属螺钉加黏合剂旋拧，也可利用木楔、硬质橡胶塞封堵。

（3）法兰泄漏时，对因螺栓松动引起泄漏的，应使用无火花工具紧固螺栓，制止泄漏。

（4）罐体撕裂泄漏时，由于泄漏处喷射压力大、流速快、泄量大，应迅速利用专用的捆绑紧固和空心橡胶塞加压充气器具进行塞堵。

（5）利用易燃液化气体蒸发潜热特性，用水枪向泄漏处喷水，降低泄漏处压力，并使泄漏处结冰，减少泄漏量，进而堵漏。

（6）必要时进行气体倒罐或输入槽车体进行分流，大风天气，还可打开罐顶放开容器向外排出气体以降低泄漏口压力，防止裂口扩大，减少泄漏量。

（7）少量泄漏可用胶泥、石棉被缠裹泄漏阀门、管道泄漏处，并用橡胶带、绳索或铁丝等箍紧，也可用抱箍夹紧。

（8）可移动压力容器泄漏时，应采取相应堵漏、排空措施进行处置。如迅速将该容器移至安全地带自然排空，并加强防范，杜绝火源。

2. 杜绝一切火源

当出现易燃、易爆气体泄漏时，在采取堵漏措施的同时，应迅速划定警戒范围，消除气体扩散区内各种火源。

（1）迅速扑灭各种明火，停止焊接、气割等明火作业。

（2）使用防爆抢险工具，禁止穿带钉子的鞋，防止撞击、摩擦打火。

（3）警戒区内禁止过往车辆通行，防止排气筒火星和吸烟明火。

（4）切断气体扩散区电源（防爆电器除外），防止电火花。

（5）抢险人员必须更换抢险服装，防止静电火花，无关人员禁止进入警戒区。

（6）停止在气体扩散区使用电话、手机等通信工具。

（7）冷却高温设备、物体。

（8）防止气体泄漏口积聚静电，放电打火。

3. 及时疏散人员

当发生易燃、易爆气体大范围泄漏时，应迅速向周围各单位、居民区发出险情信号，要求他们扑灭一切明火，切断电源，并迅速撤离。

4. 使用雾状水流稀释驱散

易燃、易爆气体泄漏遇有大风天气，会随风迅速向下风方向扩散。若遇小风或无风天气则会积聚在某一空间。此时，应视情况采用雾状水流驱散积聚气体，使之尽快排除险情。

5. 不得已时自动引火点燃

在无法有效实施堵漏，不点燃必定会带来更严重的灾难性后果，而点燃则导致稳定燃烧，在危害程度减小的情况下，可实施主动点燃措施。采用点燃的措施，应具备安全条件和严密的防范措施，必须周全考虑，谨慎进行。

◎易燃液体泄漏怎么办

易燃液体泄漏后易四处流散、渗漏，其蒸气易发生爆燃，同时液体蒸气易使人中毒；液体泄漏时易产生静电。易燃液体泄漏的应急处理方法如下。

1. 制止泄漏

一旦发生液体泄漏，均应采取果断措施，迅速制止泄漏。易燃液体堵漏较为容易，可使用缠裹、堵塞、输送倒罐、关阀断料等方法制止泄漏，从根本上消除险情。

2. 控制流散

对泄漏出的易燃液体，要采取回、堵、截、收、导等方法，设法控制液体到处流散，特别是向地沟、槽、井等处流淌，把险情控制在最小范围。

3. 杜绝火源

在抢险过程中，可参照可燃气体泄漏时消除火源的办法防止爆燃。

4. 回收液体

在可能的情况下，对泄漏的易燃液体及时回收，使其不再流散。可采用导流法把流散液体积聚在某一低洼处，或人工挖的坑池中，然后安全回收。

5. 隔绝空气

覆盖液面，减少挥发，隔绝空气。对一时难以回收且积聚较多的易燃液体，可施放泡沫覆盖液体，控制其大量挥发。对流散液体也可使用泡沫或砂土覆盖，以减少挥发，降低危险。

6. 驱散蒸气

易燃液体蒸气火都比空气重，一般都沉聚于地表或低洼处，不易飘散。室外可使用雾状水流驱散液体蒸气，尤其要对液体蒸气聚积处认真驱散；室内则应打开门窗通风，必要时也可采用雾状水流驱散；对地下沟、槽、井等处则也应采取措施驱散蒸气，以彻底消除险情。

◎危险化学品丢失被盗如何处理

一旦发生剧毒药品、爆炸物品、放射性物品及其他危险化学品丢失被盗事件，首先立即报警，由接警值班人员根据具体情况通知相关部门及各部门负责人到场处置。

任何事故发生后，现场人员应保护好事故现场。不得破坏与事故有关的物体痕迹，为抢救伤者需要移动的某些物体必须做好现场标志，相关人员应积极协助、配合事故调查处理工作。

根据《危险化学品安全管理条例》规定，有下列行为之一的，由负责危险化学品安全监督管理综合工作的部门或者公安部门依据各自的职权责令立即或者限期改正，处 1 万元以上 5 万元以下的罚款；逾期不改正的，由原发证机关吊销危险化学品生产许可证、经营许可证和营业执照；触犯刑律的，对负有责任的主管人员和其他直接责任人员依照刑法关于危险物品肇事罪、重大责任事故罪或者其他罪的规定，依法追究刑事责任。

（1）未在生产、储存和使用危险化学品场所设置通讯、报警装置，并保持正常适用状态的。

（2）危险化学品未储存在专用仓库内或者未设专人管理的。

（3）危险化学品出入库未进行核查登记或者入库后未定期检查的。

（4）危险化学品生产单位不如实记录剧毒化学品的产量、流向、储存量和用途，或者未采取必要的保安措施防止剧毒化学品被盗、丢失、误售、误用，或者发生剧毒化学品被盗、丢失、误售、误用后不立即向当地公安部门报告的。

（5）危险化学品经营企业不记录剧毒化学品购买单位的名称、地址，购买人员的姓名、身份证号码及所购剧毒化学品的品名、数量、用途，或者没有每天核对剧毒化学品的销售情况，或者发现被盗、丢失、误售不立即向当地公安部门报告的。

◎ 化学品火灾事故如何处理

发生化学品火灾事故时，现场人员在保护好自身安全的情况下，及时向有关人员、部门报告，迅速将危险区域内的人员撤离至安全区位。

危险化学品容易发生火灾、爆炸事故，但不同的化学品以及在不同情况下发生火灾时，其扑救方法差异却很大，若处置不当，不但不能有效扑灭火灾，反而会使灾情进一步扩大，也由于其本身具有的毒害性，极易造成人员中毒，因此扑救化学品火灾是一项非常重要又极其危险的工作。

当火势尚可控制时，穿戴好合适的防护用具后才可使用适当的移动式灭火器来控制火灾，但不得盲目地使用水来灭此类火灾。及时报警向相关部门求助。火势大时应果断撤离现场，以防造成人员伤害。

◎ 危险化学品事故如何现场施救

危险化学品事故现场急救，在防止烧伤和中毒程度加深的同时，还要使患者维持呼吸、循环功能。这是两条最为重要的现场救治原则。

1. 危险化学品急性中毒

（1）若为沾染皮肤中毒，应迅速脱去受污染的衣物，用大量清水冲洗至少15min。头面部受污染时，注意要首先冲洗眼睛。

（2）若为吸入中毒，应迅速脱离中毒现场，向上风方向移至空气新鲜处，同时解开患者的衣领，放松裤带，使其保持呼吸道畅通，并注意保暖，防止患者受凉。

（3）若为口服中毒，中毒物为非腐蚀性物质时，可用催吐方法使其将毒物吐出。误服强碱、强酸等腐蚀性强的物品时，催吐反使食道、咽喉再次受到严重损伤，可服牛奶、蛋清、豆浆、淀粉糊等，此时切勿洗胃，也不能服碳酸氢钠，以防胃胀气引起穿孔。

（4）现场如发现中毒者发生心跳、呼吸骤停，应立即实施人工呼吸和体外心脏按压术，使其维持呼吸、循环功能。

2. 化学性皮肤烧伤

发生化学性皮肤烧伤，应立即移离现场，迅速脱去受污染的衣裤、鞋袜等，并用大量流动的清水冲洗创面 20 ~ 30min（强烈的化学品要更长时间），以稀释有毒物质，防止继续损伤和通过伤口吸收。

新鲜创面上不要随意涂上油膏或红药水、紫药水，不要用脏布包裹；黄磷烧伤时应用大量清水冲洗，浸泡或用多层干净的湿布覆盖创面。

3. 化学性眼烧伤

对化学性眼烧伤，要在现场迅速用清水进行冲洗。应使用流动的清水，冲洗时将眼皮掰开，把裹在眼皮内的化学品彻底冲洗干净。现场若无冲洗设备，可将头埋入清洁盆水中，掰开眼皮，让眼球来回转动进行洗涤。

第七章

危险作业安全技术
与安全管理

一、危险作业的危害及范围

◎ 危险作业的危害

由于危险作业的类别和作业的环境不同，其危害结果也不相同。通常用危险严重度来表示危险严重程度的等级，是对危险严重程度的定性度量。一般危险分为4个等级。

第一类，恶性的，这类危险的发生会导致恶性事故发生，造成重大设备损坏或人员伤亡。

第二类，严重的，这类危险的发生会导致设备严重损坏或人身严重伤害。

第三类，轻度的，这类危险的发生会导致人身轻度伤害或设备损坏。

第四类，轻于第三类的轻微受伤或设备轻微损坏，这类危险可以忽略。

危险作业分析是指在一项作业或工程开工前，对该作业项目（工程）所存在的危险类别、发生条件、可能产生的情况和后果等进行分析，找出危险点，目的是控制事故发生。

◎ 危险作业的范围

由于在生产经营过程中可能遇到各种危险，因此，确定本单位危险作业的范围是加强危险作业安全管理的前提和基础。确定危险作业的范围一般是根据国家相关的法律法规和规程、单位生产经营特点、重大危险源状况、事故分析结果等因素综合分析确定，危险作业一般包括以下内容。

（1）吊装作业。

（2）动火作业。

（3）锅炉压力容器作业。

（4）检修作业。

（5）高处作业。

（6）动土作业。

（7）有限空间作业。

（8）高空吊笼作业。

（9）上述以外其他有较大危险可能导致人员伤亡或财产损失的作业。

下面主要介绍制造业的危险作业。

二、吊装作业安全技术与管理

◎ 吊装作业安全技术

吊装作业是指生产过程中，利用各种机具将重物吊起，并使重物发生位置变化的作业过程。以下是吊装作业的安全技术要求。

（1）吊装重量较大的物体、吊装形状复杂、刚度小、长径比大、精密贵重设备以及施工条件特殊的情况下，也应编制吊装方案。吊装方案经施工主管部门和安全技术部门审查，报主管厂长或总工程师批准后方可实施。

（2）起重吊装作业大多数作业点都必须由专业技术人员进行作业；属于特种作业必须由经专门安全作业培训，取得特种作业操作资格证书的特种作业人员进行操作。

（3）各种吊装作业前，应预先在吊装现场设置安全警戒标志并设专人监护，非施工人员禁止入内。

（4）吊装作业前，必须对各种起重吊装机械的运行部位、安全装置以及吊具、索具等各种机具进行详细的安全检查，吊装设备的安全装置要灵敏可靠。吊装前必须试吊，确认无误方可作业，严禁带病使用。

（5）吊装作业人员必须戴安全帽，高处作业时必须遵守高处作业的相关规定。

（6）吊装作业时，必须分工明确、坚守岗位，并按规定的联络信号，统一指挥。

（7）用定型起重吊装机械（履带吊车、轮胎吊车、桥式吊车等）进行吊装作业时，除遵守本标准外，还应遵守该定型机械的操作规程。

（8）吊装作业时，必须按规定负荷进行吊装，吊具、索具经计算选择使用，严禁超负荷运行。所吊重物接近或达到额定起重吊装能力时，应检查制动器，用低高度、短行程试吊后，再平稳吊起。

（9）吊装作业中，夜间应有足够的照明，室外作业遇到大雪、暴雨、大雾及六级以上大风时，应停止作业。

（10）在吊装作业中必须遵守起重机"十不吊"原则。即指挥信号不明不吊；超负荷或物体重量不明不吊；斜拉重物不吊，光线不足、看不清重物不吊；重物下站人不吊；重物埋在地下不吊；重物紧固不牢，绳打结、绳不齐不吊；棱刃物体没有衬垫措施不吊；吊物通过下方作业人员头顶上部不吊；安全装置失灵不吊。

（11）吊装作业现场如需动火，应遵守动火作业的规定。吊装作业现场的吊绳索、揽风绳、拖拉绳等要避免同带电线路接触，并保持安全距离。

（12）严禁利用管道、管架、电杆、机电设备等作吊装锚点。未经机动、建筑部门审查核算，不得将建筑物、构筑物作为锚点。

（13）任何人不得随同吊装重物或吊装机械升降。

（14）悬吊重物下方严禁人员站立、通行和工作。

◎ 吊装作业安全管理

（一）吊装作业的分级分类管理

吊装作业按吊装重物的重量分为三级：吊装重物的重量大于 80t 时，为一级吊装作业；吊装重物的重量大于等于 40t 且小于等于 80t 时，为二级吊装作业；吊装重物的重量小于 40t 时，为三级吊装作业。

吊装作业按级别分为三类：大型吊装作业、吊装作业、一般吊装作业。

（二）吊装作业的从业资格管理

造成吊装作业伤害事故的形式主要有吊物坠落、挤压碰撞、触电、高处坠落和机体倾翻五类。因此，加强对吊装作业的资质管理是十分重要的工作。要建立健全吊装作业安全管理岗位责任制，起重机械安全技术档案管理制度，起重机械司机、指挥作业人员、起重司索人员（捆绑吊持人）安全操作规程，起重机械安装、维修人员安全操作规程，起重机械维修保养制度等，要分工明确，落实责任，奖罚分明。要加强培训教育，对吊装作业人员进行安全技术培训考核，按照国家有关技术标准，对起重机械司机、指挥作业人员、起重司索人员进行安全技术培训考核，提高他们的安全技术素质，做到持证上岗作业。

吊装作业实行安全许可证管理，"吊装作业安全许可证"示样见表7-1。吊装作业安全许可证一般由设备管理部门负责管理。单位负责人从设备管理部门领取吊装作业安全许可证后，要认真填写各项内容，交施工单位负责人批准。对于特定的吊装作业，必须编制吊装方案，并将填好的"吊装作业安全许可证"与吊装方案一并报设备管理部门负责人批准。吊装作业安全许可证批准后，项目负责人应将吊装作业安全许可证交作业人员。作业人员应检查吊装作业安全许可证，确认无误后方可作业。

表 7-1　吊装作业安全许可证

吊装单位		吊装负责 （指挥）人	
吊装地点		吊装工具名称	
吊装人员（姓名、工种、操作证）			
作业时间		起吊重量（吨）	
吊装内容			
安全措施			
项目单位安全负责人：（签字）		项目单位负责人：（签字）	
施工单位安全负责人：（签字）		施工单位负责人：（签字）	
设备管理部门审批意见： 部门负责人：（签字）　年　月　日			
主管领导或总工程师审核意见： 主管领导或总工程师：　　　　　　　　（签字）　　　年　月　日			

（三）吊装作业的危险辨识管理

在吊装作业过程中，特别是在大型设备吊装安装过程中，使用多台大型吊装机具及辅助工器具，多工种交叉作业，难度大，危险性大，任何一个环节的不可靠都可能导致事故发生。所以，需要对吊装作业过程进行危险辨识，制订可靠的安全措施并有效实施，确保吊装工作的安全。对吊装作业的危险辨识，可采用预先危险性分析法对吊装作业进行危险分析。预先危险性分析(PHA, Preliminary Hazard Analysis)，又称初步危险分析，主要用于对危险装置和物质的主要工艺区域等进行分析。其主要内容如下。

1. 预先危险性分析步骤

（1）通过经验判断、技术诊断或其他方法调查确定危险源（即危险因素存在于哪个子系统中），对所需分析系统的生产目的、物料、装置及设备、工艺过程、操作条件以及周围环境等进行充分详细的调查了解。

（2）根据过去的经验教训及同类行业生产中发生的事故（或灾害）情况，对系统的影响、损坏程度，类比判断所要分析的系统中可能出现的情况，查找能够造成系统故障、物质损失和人员伤害的危险性，分析事故（或灾害）的可能类型。

（3）对确定的危险源分类，制成预先危险性分析表。

（4）识别转化条件，即研究危险因素转变为危险状态的触发条件和危险状态转变为事故（或灾害）的必要条件，并进一步寻求对策措施，检验对策措施的有效性。

（5）进行危险性分级，排列出重点和轻、重、缓、急次序，以便处理。

（6）制订事故（或灾害）的预防对策措施。

2. 预先危险性等级划分

在分析系统危险性时，为了衡量危险性的大小及其对系统破坏性的影响程度，可以将各类危险性划分为4个等级，见表7-2。

表 7-2　危险性等级划分表

级别	危险程度	可能导致的后果
I	安全的	不会造成人员伤亡及系统损坏
II	临界的	处于事故的边缘状态，暂时还不至于造成人员伤亡、系统损坏或降低系统性能，但应予以排除或采取控制措施

续表

级别	危险程度	可能导致的后果
Ⅲ	危险的	会造成人员伤亡和系统损坏，要立即采取防范对策
Ⅳ	灾难性的	造成人员重大伤亡及系统严重破坏的灾难性事故，必须予以果断排除并进行重点防范

如某企业起吊车吊装重量约 20t 的大型设备，事先进行了预先危险性分析，其分析结果见表 7-3。

表 7-3　起重吊装作业预先危险性分析表

危险因素	原因	事故后果	危险等级	措施
高处坠落	1.未系安全带或安全带使用不当 2.安全带断裂 3.安全防护设施损坏	人员伤亡	危险级	1.正确使用安全带，使用前要检查安全带的状况 2.按操作规程正确操作 3.作业前进行教育和安全交底
物体打击	1.人员误操作 2.机具损坏	人员伤亡，设备损坏	危险级	1.作业前进行教育和安全交底，作业人员持证上岗 2.作业前检查索具钢丝绳等设备状况 3.危险区域设立警戒
碰撞	索具拉断	人员伤亡，设备损坏	灾难级	1.作业前进行教育和安全交底，作业人员持证上岗 2.作业前检查索具钢丝绳等设备状况
吊车倾翻	1.吊装绳扣拉断 2.道路塌陷 3.支垫不合理 4.误操作，误指挥	人员伤亡，设备损坏	灾难级	1.作业前制订好相应的安全措施并确保落实 2.对设备状况和措施进行检查 3.作业前进行教育和安全交底，作业人员持证上岗

3. 根据风险辨识结果制订安全措施

从上面风险评价结果看，保证吊装作业安全的根本在于作业人员、作业管理措施和技术装备的可靠。下面从三个方面提出安全措施，以降低吊装作业的风险。

（1）作业人员的安全措施。

①吊车司机和起重作业人员必须持有特种作业证，熟识吊车性能，严守操作规程。

②登高作业人员必须体检合格，身体健康良好，具有丰富的高处作业经验及较高的安全意识和技能。

③管理人员和技术人员具有起重吊装作业的相关知识和本专业的特长。

④在吊装前，对涉及吊装的所有人员进行一次吊装作业培训和专题安全教育，技术总负责人进行吊装作业的详细讲解，安全工程师进行危险因素和削减措施的详细讲解，对所有吊装人员进行技术交底。

（2）作业管理的安全措施。

①吊装作业前分专业进行准备，吊装作业时统一指挥和管理，保证机构运行流程畅通。

②对所使用的设施及工器具材料按照吊装作业规范进行科学计算，制订可靠的施工组织方案和吊装方案，保证吊装作业的安全进行。

③收集天气预报信息，选择适宜起吊的气象条件。

④吊装作业前，分专业对所有器具及机械使用前进行性能检验检测确认，并办理好登高作业证等作业许可证。

⑤操作人员正确佩戴和使用劳动保护用品，尤其是高空作业人员必须戴安全帽、系挂安全带、使用工具袋，杜绝高空抛物，由作业监护人对其进行检查确认。

⑥吊装作业时，设立吊装警示区，用警戒线进行围挡，悬挂警示牌，并配备作业监护人员看守，严禁无关人员入内。

⑦吊装作业时，由总指挥发出起吊信号。

⑧吊装作业时，必须先试吊，经确认安全后起吊。

⑨吊装过程的指挥信号准确、清晰、及时、统一。

（3）技术装备的安全措施。吊车性能、吊装索具和器具的状况由专人负责检查确认，符合安全技术规范，方可进行吊装作业。

（四）吊装作业的安全交底

对于重大吊装作业，应按有关规定办理"安全施工作业许可证"，并经有关领导及相关部门批准后组织实施并对作业人员进行安全交底，吊装作业负责人、安全部门相关人员应参加措施交底工作。吊装作业班组按交底落实安全防护设施，熟悉吊装措施，特别是起重工应明确吊装物体的重量、形状、吊点的确定、钢丝绳等吊装索具选用、绑扎技术等；起重司机应明确吊装机械目前的性能、工况。

交底主要内容如下。

（1）吊装作业内容、吊装作业步骤、使用的机器具及安全技术要求。

（2）吊装作业现场条件和环境特点。

（3）吊装作业人员资质、素质、身体状况。

（4）作业安全防护技术。

（5）必须佩戴的防护用品及其正确使用方法。

（6）紧急情况应急措施。

三、动火作业安全技术与管理

◎ 动火作业安全技术

1. 概念

在企业的生产经营过程中，凡是动用明火或可能产生火种的作业都属于动火作业。如焊接、切割、熬沥青、烘烤、喷灯等明火作业；凿水泥基础、打墙眼、砂轮机打磨、电气设备的耐压试验等易产生火花或高温的作业。

动火本身就是一个明火作业过程，在厂区内从事上述作业，无论是焊接还是切割，都经常接触到可燃、易燃、易爆物质，同时多数是与压力容器、压力管道打交道，危险性很大。因此，加强对动火作业的管理是十分重要的。目前，企业一般都对厂区进行划分，分为禁火区和固定动火区，禁火区动火都需要办理动火作业安全许可证审批手续，落实安全动火措施。动火作业是指在禁火区进行焊接与切割作业及在易燃易爆场所（生产和储存物品的场所符合 GBJ 16–1987 中火灾危险分类为甲、乙类的区域）使用喷灯、电钻、砂轮等进行可能产生火焰、火花和赤热表面的临时性作业。

2. 动火作业前的准备

动火作业前应清除动火现场及周围的易燃物品，或采取其他有效的安全防火措施，配备足够适用的消防器材。应检查电、气焊工具，保证安全可靠，不准带病使用。使用气焊焊割动火作业时，氧气瓶与乙炔气瓶间距应不小于 5m，二者与动火作业地点均应不小于 10m，并不准在烈日下暴晒。在铁路沿线（25m 以内）的动火作业，如遇装有化学危险物品的火车通过或停留时，必须立即停止作业。凡在有可燃物或易燃物构件的凉水塔、脱气塔、水洗塔等内部进行动火作业时，必须采取防火隔离措施，以防火花溅落引起火灾。

3. 动火作业安全防火要求

（1）动火作业实行"动火作业安全许可证"管理制度。动火作业必须办理"动火作业安全许可证"。进入设备内、高处等进行动火作业，还应执行相关的规定，对于在厂区管廊上的动火作业，根据国家的有关规定，按一级动火作业管理。带压不置换动火作业按特殊危险动火作业管理。

（2）动火作业必须采取清洗置换等相应安全措施。对于凡盛有或盛过化学危险物品的容器、设备、管道等生产、储存装置，必须在动火作业前进行清洗置换，经分析合格后方可动火作业。对于凡在属于规程规定的甲、乙类区域的管道、容器、塔罐等生产设施上动火作业时，必须将其与生产系统彻底隔离，并进行清洗置换，取样分析合格后方可动火作业。

（3）高空进行动火作业，其下部地面如有可燃物、空洞、阴井、地沟、水封等，应检查分析，并采取措施，以防火花溅落引起火灾爆炸事故。

（4）拆除管线的动火作业，必须先查明其内部介质及其走向，并制订相应的安全防火措施；在地面进行动火作业，周围有可燃物，应采取防火措施。

（5）动火点附近如有阴井、地沟、水封等应进行检查、分析，并根据现场的具体情况采取相应的安全防火措施。在生产、使用、储存氧气的设备上进行动火作业，其含氧量不得超过 20%。五级风以上（含五级风）天气，禁止露天动火作业。因生产需要确需动火作业时，动火作业应升级管理。

4. 特殊危险动火作业要求

特殊危险动火作业在符合一般动火作业相关规定的同时，还应符合以下规定。

（1）在生产不稳定、设备管道等腐蚀严重情况下不准进行带压不置换动火作业。

（2）动火作业前，生产单位要通知工厂生产调度部门及有关单位，使之在异常情况下能及时采取相应的应急措施。

（3）必须制订施工安全方案，落实安全防火措施。动火作业时，车间主管领导、动火作业与被动火作业单位的安全员、厂主管安全防火部门人员、主管厂长或总工程师必须到现场，必要时可请专职消防队到现场监护。

（4）动火作业过程中，必须设专人负责监视生产系统内压力变化情况，使系统保持不低于 980.665 Pa(100 mmHg)(mmHg：毫米水柱，1 mmHg=9.80665 Pa) 正压。低于 980.665 Pa(100 mmHg) 压力应停止动火作业，查明原因并采取措施后方可继续动火作业，严禁负压动火作业。

（5）动火作业现场的通、排风要良好，以保证泄漏的气体能顺畅排走。

5. 动火作业的安全措施要求

（1）动火执行人员所使用的工具、设备是否处于完好状态。

（2）动火设备本身是否残存易燃、易爆、有毒、有害物质，取样分析、测爆结果是否合格，是否留有死角，是否加好盲板进行了隔离。

（3）动火周围环境是否合格。地漏、污油井、地沟、电缆沟是否按要求进行了封堵；放空阀、排凝阀及周围（最小半径 15m）是否有泄漏点。

（4）动火审批人员要严格把关，审批前要深入动火地点查看，确认无火险隐患后方可批准。

6. 动火分析

动火分析是动火作业安全管理中常用的一项安全措施，动火分析应由动火分析人进行。凡是在易燃易爆装置、管道、储罐、阴井等部位及其他认为应进行分析的部位动火时，动火作业前必须进行动火分析。

（1）取样点的确定。动火分析的取样点，均应由动火所在单位的专（兼）职安全员或当班班长负责提出，动火分析的取样点要有代表性，特殊动火的分析样品应保留到动火结束。也就是说采样点选择的原则一般是：由熟悉生产工艺装置的工程技术人员或安全员确定，选择点必须具有代表性，对于动态之中的动火作业，应根据现场情况及时确定分析取样点。

①装置区域内动火作业点周围空间气体的采样。采样点由熟悉生产工艺装置的工程技术人员，根据动火部位现场周围情况来确定。一般要求选择2个点以上，而且要靠近动静密封点，既不能太近，也不能太远，一般1.5m左右取样较为合适。

装置密封点没有绝对不泄漏的，但是要求确认其泄漏量是否在安全认可范围内。在泄漏量较大的情况下，取样分析没有实际意义。在实际工作中，安全员要求在动静密封点附近采取一个空间气样，如果可燃物含量合格，则以此点作为动火前分析依据；否则，在1.5m左右再采取一个空间气样，进行可燃物含量分析，如果可燃物含量合格，再根据动火的部位距泄漏点远近，确定是否可动火作业；否则，就要对泄漏部位进行处理后再采样分析。

②密闭空间采样点的确定。一般可根据设备用途、结构、充装介质几方面来考虑。表7-4是常用设备及部位取样点选择，供大家参考。

表7-4　常用设备及部位取样点

设备	采样分析点	备注
立式储罐	上、下入孔，排污口	用胶皮管探至设备内
球罐	上、下入孔，排污管口，外浮筒倒淋装置	为防外浮筒在物料处存在死角
塔	上、下入孔，底部排渣口	充装介质为比重较大的物料要增加取样点
水井	距水面20 cm	用胶皮管探至适当位置
地沟	距水面20 cm	用胶皮管探至适当位置
隔油池	约3m范围空间，出水口周围空间	
卧式储罐	顶部入孔，下排污口，液位计倒淋阀处	

③管道内部采样点的确定。管道吹扫置换后，采样点一般由工艺技术员来确定采样点，并且创造好的取样条件。对于较长管线必须在管道两端、管道各倒淋阀口及高点气密放空阀进行取样；对不能探至管线内取样处，要求用钢锯（抹上黄油或机油）切一小口探至内部取样，来确保样品的代表性。

（2）取样时间。动火作业必须在动火分析后进行，则动火分析采样时间应该在什么时间最好和有效，也是动火分析的关键。《厂区动火作业安全规程》规定，取样与动火间隔不得超过 30min，如超过间隔或动火作业中断时间超过 30min时，必须重新取样分析。如现场分析手段无法实现上述要求时，应由主管厂长或总工程师签字同意，另做具体处理。使用测爆仪或其他类似手段进行分析时，检测设备必须经被测对象的标准气体样品标定合格。

（3）动火分析合格判定。

①如使用测爆仪或其他类似手段时，被测的气体或蒸气浓度应小于或等于爆炸下限的 20%。

②使用其他分析手段时，被测的气体或蒸气的爆炸下限大于等于 4% 时，其被测浓度小于等于 0.5%；当被测的气体或蒸气的爆炸下限小于 4% 时，其被测浓度小于等于 0.2%。

7.焊割安全措施要求

（1）电焊作业时必须采取的安全措施。为防止触电，电焊工所用焊把必须绝缘；电缆线、地线、把线必须绝缘良好，不破皮，防止受外界高温烘烤；过路要加保护套管，防止被过往车辆轧坏；在金属容器内或潮湿环境作业，应采用绝缘衬垫以保证焊工与焊件绝缘；电焊工严禁携带焊把进出设备；禁止将接地线连接于在用管线、设备以及相连的钢结构上，以防产生静电，引起火灾；禁止在设备和无关的管线上引弧。防止把线、地线在其他无关的管线、设备上打火，击穿、击伤管线、设备。防止在施工中踩断其他管线。高空作业要办理登高证。进入容器要办理进入容器许可证。

（2）气割和气焊时必须采取的安全措施。在使用气割和气焊时要注意氧气瓶及器具不得沾上油脂、沥青类物质，避免与高压氧气接触发生燃烧。保证氧气瓶、乙炔瓶离动火点的安全距离大于 10m，或氧气瓶与乙炔瓶之间的安全距离大于 3m；乙炔瓶应立放，禁止卧放，以防丙酮随气体带出发生爆炸。严禁铜、银、汞类物质与乙炔接触，以防发生爆炸。使用的胶管不得有漏气、破裂、鼓泡等现象，避免让高温工件烧破带子发生着火。使用中发生回火要及时切断乙炔气，严禁暴晒，以免使瓶内压力升高；冬季乙炔管冻结时，禁止用火烤或用氧气吹；乙炔瓶的易熔塞应朝向无人处。

动火作业还应注意的其他问题是作业人员没有穿戴好合格的劳保用品不允许动火；属于防火防爆区的动火，未办理动火审批手续的不准擅自动火；动火执行人不了解动火现场周围情况，不能盲目动火；没有防止火星飞溅措施的不准动火；不准在有压力的设备、管线上动火；焊工没有证的，又没有正式焊工在场进行技术指导时，不能动火。抽加盲板时要注意做好防护，防止中毒、烫伤事故发生。动火时要保持消防道路畅通，避免物料、机具占据消防通道。必要时请消防人员到现场监护，对检测结果进行复验。

◎ 动火作业安全管理

1. 动火作业事故的原因分析

动火本身就是一个明火作业过程，危险性很大。发生事故的原因主要有以下几个方面。

（1）没有对动火设备内部本身存在易燃、易爆、有毒、有害物质进行全面吹扫、置换、蒸煮、水洗、抽加盲板等程序处理，或没有对经处理而达不到动火条件进行分析或分析不准，而盲目动火，引发火灾、爆炸事故。

（2）气焊、气割动火所用的乙炔、氧气等易燃、易爆气体，胶带、减压阀等器具不完好，出现泄漏，发生燃烧和引起爆炸。

（3）在动火作业时，气割、气焊或是电焊，都要使金属在高温下熔化，熔化的液态金属到处飞溅，使周围的地漏、明沟、污油井、电缆沟以及取样点、排污点、泄漏点发生火灾、爆炸事故。

（4）气焊、气割时所使用的氧气瓶、乙炔瓶都是压力容器，设备本身具有较大的危险性，违反安全规定，使用不当，发生着火、爆炸事故。

（5）用电焊时，电焊机不完好或地线、把线绝缘不好，造成与在用设备、管线发生打火现象，焊工在附近其他设备、管线上引弧，造成设备、管线击穿，或使设备、管线损伤，甚至将接地线连接于在用管线、设备以及相连的钢结构上，留下隐患。

（6）用电时，电线或工具绝缘不好发生漏电，或焊工不穿绝缘鞋，在容器内部或潮湿环境作业，造成人员触电，或合闸时，保险熔断产生弧光烧伤皮肤等。

（7）监护人员脱离岗位或没有监护人，防范措施落实不到位，环境条件发生变化时，如在进行取样、排污或发生泄漏等情况下没有及时停工，引发事故。

2. 禁火区划定条件

企业应根据火灾危险程度及生产、维修工作的需要，在厂区内划分固定动火区和禁火区。

（1）固定动火区。固定动火区为允许从事焊接、切割、使用喷灯和火炉作业的区域。设立固定动火区应符合下列条件。

①距易燃易爆厂房、设备、管道等不能小于 30 m。

②室内固定动火区应与危险源隔开，门窗要向外开，道路要通畅。

③生产正常放空或发生事故时，可燃气体不能扩散到固定动火区内；在任何气象条件下，固定动火区内的可燃气体含量必须在允许含量以下。

④固定动火区要有明显标志，不准堆放易燃杂物，并配有适用的、数量足够的灭火器具。

⑤固定动火区的划定，应由车间（科室）申请，经防火、安全技术部门审查，报主管厂长或总工程师批准。

（2）禁火区

一般认为在正常或不正常情况下都有可能形成爆炸性混合物的场所和存在易燃、可燃化学物质的场所均应划为禁火区。通常厂内除固定动火区外，其他均为禁火区。

需要在禁火区动火时，必须申请办理动火安全作业许可证。

禁火区内动火，应根据危险程度进行等级划分，并根据危险等级确定相应的动火审批人，以确保动火的严肃性。

3. 动火作业分类

动火作业分为特殊危险动火作业、一级动火作业和二级动火作业三类。

（1）特殊危险动火作业。在生产运行状态下的易燃易爆物品生产装置、输送管道、储罐、容器等部位上及其他特殊危险场所的动火作业。

（2）一级动火作业。在易燃易爆场所进行的动火作业。

（3）二级动火作业。除特殊危险动火作业和一级动火作业以外的动火作业。

凡厂、车间或单独厂房全部停车，装置经清洗置换：取样分析合格并采取安全隔离措施后，可根据其火灾、爆炸危险性大小，经厂安全管理部门批准，动火作业可按二级动火作业管理。遇节日、假日或其他特殊情况时，动火作业应升级管理。

4. 禁火区的管理

为了确保动火作业的安全，在禁火区动火，必须办理《动火作业安全许可证》，严格遵守动火的安全规定。

（1）动火作业的一般要求。动火作业安全许可证未经批准，禁止动火；不与生产系统可靠隔绝，禁止动火；不清洗、置换不合格，禁止动火；不消除周围易燃物，禁止动火；不按时作动火分析，禁止动火；没有消防措施，禁止动火。动火时需做到以下几点。

①按规定办理动火作业安全许可证的申请、审核和批准手续；按动火作业安全许可证的要求，认真填写和落实动火中的各项安全措施；必须在动火作业安全许可证批准的有效时间范围内进行动火工作；凡延期动火或补充动火都必须重新办理动火作业安全许可证。

②检查和落实动火的安全措施。凡在储存输送可燃气体、易燃液体的管道、容器及设备上动火，应首先切断物料来源，加堵盲板，与运行系统可靠隔离；还可将动火区与其他区域采取临时隔火墙等措施加以隔离，防止火星飞溅而引起事故。

③动火设备经清洗、置换后，必须在动火前半小时以内作动火分析。考虑到取样的代表性、分析化验的误差及测试分析仪器的灵敏度等因素，要留有一定的安全裕度。分析人员在动火作业安全许可证上填写分析结果并签字，方为有效。

④若分析时间与动火时间间隔半小时以上或中间休息后再动火，需重作动火分析。

⑤将动火现场周围10m范围内的一切易燃和可燃物质（溶剂、润滑油、可燃废弃物等）清除干净。

⑥动火地点应备有足够的灭火器材，设有看火人员，必要时消防车和消防人员应到动火现场做好准备，并保证动火期间水源充足，不得中断。动火完毕，应确认余火熄灭，不会复燃后方可离开现场。

⑦动火人员要有一定资格。动火作业应由经安全考试合格的人员担任，压力容器的补焊工作应由锅炉压力容器焊工考试合格并取得操作资质的工人进行。动火作业安全许可证由动火人随身携带，不得转让、涂改，动火人员到达动火地点时，需呈验动火作业安全许可证。

⑧焊割动火还必须同时符合焊接作业的有关规定。高处焊割作业要采取防止火花飞溅的措施，遇有 5 级以上大风时应停止作业。

⑨高处动火作业时，应戴安全帽、系安全带，遵守登高作业的安全规定。

⑩罐内动火时还应同时遵守罐内作业的安全规定。

如在动火中遇到生产装置紧急排空或设备、管道突然破裂而造成可燃物质外泄时，应立即停止动火，待恢复正常后，重新审批并分析合格后，方可继续动火。

（2）特殊动火作业的要求。

①油罐带油动火。若油罐内油品无法抽空，不得不带油动火时，除了上述动火的一般要求外，还应注意在油面以上不准带油动火。补焊前先进行壁厚的测定，补焊处的壁厚应满足焊接时不被烧穿的最小壁厚要求 (一般 ≥ 3 mm)。根据测得的壁厚确定合适的焊接电流值，防止因电流过大而烧穿。动火前用铅或石棉绳将裂缝塞严，外面用钢板补焊。

油管带油动火的要求基本与上述要求相同。

带油动火补焊的危险性很大，只在特殊情况下才采用，作业时除采取比一般动火更严格的安全措施外，还需选派经验丰富的人员操作，施焊要稳、准、快。焊接过程中，监护人员、扑救人员不得离开现场。

②带压不置换动火。对易燃、易爆、有毒气体的低压设备、容器、管道进行带压不置换动火，在理论上是允许的，只要严格控制焊补设备内介质中的含氧量，不形成达到爆炸范围的含量。在正压条件下外泄的可燃气体只燃烧不爆炸，即点燃可燃气体，并保证稳定地燃烧，就可控制燃烧过程，不致发生爆炸。现在这方面的技术与设备基本是成熟的。

采用带压不置换动火时，应注意一些关键问题。

补焊前和整个动火作业过程中，补焊设备或管道必须连续保持稳定的正压。一旦出现负压，空气进入焊补设备、管道，就将发生爆炸。必须保证系统内的含氧量低于安全标准（一般规定除环氧乙烷外，可燃气体中含氧量不超过 1% 为安全标准），即动火前和整个补焊作业中，都必须始终保持系统内含氧量≤1%。若含氧量超过此标准，应立即停止作业。

补焊前先测定壁厚，裂缝处其他部位的最小壁厚应大于强度计算所需的最小壁厚，并能保证补焊时不被烧穿；否则不准补焊。

带压不置换动火的危险性极大，一般情况下不宜采用。

5.动火作业安全许可证管理

动火作业安全许可证一般为两联，表7-5为动火作业安全许可证式样。

表7-5　动火作业安全许可证

（正面）动火审字第　号

申请单位		单位负责人	
单位地址		联系电话	
动火部位		动火方式	
动火时间	自　年　月　日　时至　年　月　日　时		
操作人			
安全措施	1.动火作业单位已采取了安全措施，保证动火作业期间的安全。2.动火作业单位承担因动火作业造成损失的责任 申请人签字：		
审批意见	审核人：　　　　　批准人：　　　　　动火人：		
作业安全规定	1.防火、灭火措施未落实不动火 2.周围的杂物和易燃品、危险品未清除不动火 3.附近难以移动的易燃结构物未采取安全防范措施不动火		

作业安全规定	4.凡盛装过油类等易燃、可燃液体的容器、管道用后未清洗干净不动火 5.在进行高空焊割作业时，未清除地面的可燃物品及采取相应防护措施不动火 6.储存易燃易爆物品的仓库、车间和场所未采取安全措施，危险性未拔除不动火 7.未配备灭火器材或器材不足不动火 8.现场安全负责人不在场不动火 动火中"四要"： 1.现场安全负责人要坚守岗位 2.现场安全负责人和动火作业人员要加强观察、精心操作，发现不安全苗头时，立即停止动火 3.一旦发生火灾或爆炸事故要立即报警和组织扑救 4.动火作业人员要严格执行安全操作规程 动火后"一清"： 完成动火作业后，动火人员和现场责任人要彻底清理动火作业现场，并确认无误后才能离开
备注	1.申请单位施工人员必须具备相关的施工人员上岗资格证明及消防上岗证 2.动火作业人员证件复印件粘贴在背面

（1）动火作业安全许可证的办理程序和使用要求

①动火作业安全许可证由申请动火单位指定动火项目负责人办理。办证人应按动火作业安全许可证的项目逐项填写，不得空项，然后根据动火等级，按规定的审批权限办理审批手续，最后将办理好的动火作业安全许可证交动火项目负责人。

②动火负责人持办理好的动火作业安全许可证到现场，检查动火作业安全措施落实情况，确认安全措施可靠并向动火人和监火人交代安全注意事项后，将动火作业安全许可证交给动火人。

③一份动火作业安全许可证只准在一个动火点使用，动火后，由动火人在动火作业安全许可证上签字。如果在同一动火点多人同时动火作业，可使用一份动火作业安全许可证，但参加动火作业的所有动火人应分别在动火作业安全许可证上签字。

④动火作业安全许可证不准转让、涂改，不准异地使用或扩大使用范围。

⑤动火作业安全许可证一式两份，终审批准人和动火人各持一份存查。特殊危险动火作业安全许可证由主管安全防火部门存查。

（2）动火作业安全许可证有效期限

根据厂区动火作业安全规程规定，特殊危险动火作业的动火作业安全许可证和一级动火作业的动火作业安全许可证的有效期为24h，二级动火作业的动火作业安全许可证的有效期为120h。动火作业超过有效期限，应重新办理动火作业安全许可证。

6.动火作业安全许可证的审批

特殊危险动火作业的动火作业安全许可证由动火地点所在单位主管领导初审签字，经主管安全防火部门复审签字后，报主管厂长或总工程师终审批准。一级动火作业的动火作业安全许可证由动火地点所在单位主管领导初审签字后，报主管安全防火部门终审批准。二级动火作业的动火作业安全许可证由动火地点所在单位的主管领导终审批准。

7.职责要求

（1）动火项目负责人。动火项目负责人对动火作业负全面责任，必须在动火作业前详细了解作业内容和动火部位及周围情况，参与动火安全措施的制订、落实，向作业人员交代作业任务和防火安全注意事项；作业完成后，组织检查现场，确认无遗留火种后方可离开现场。

（2）动火人。独立承担动火作业的动火人必须持有特殊工种作业证，并在动火作业安全许可证上签字。若带徒作业时，动火人必须在场监护。动火人接到动火作业安全许可证后，应核对证上各项内容是否落实，审批手续是否完备，若发现不具备条件时，有权拒绝动火，并向单位主管安全防火部门报告。动火人必须随身携带动火作业安全许可证，严禁无证作业及审批手续不完备的动火作业。动火前（包括动火停歇期超过30min再次动火），动火人应主动向动火点所在单位当班班长呈验动火作业安全许可证，经其签字后方可进行动火作业。

（3）监火人。监火人应由动火点所在单位指定责任心强，有经验，熟悉工艺流程，了解介质的化学、物理性能，会使用消防器材、防毒器材的人员担任。必要时，也可由动火单位和动火点所在单位共同指派。新项目施工动火，由施工单位指派监火人。监火人所在位置应便于观察动火和火花溅落，必要时可增设监火人。

监火人负责动火现场的监护与检查，动火前要按照动火作业安全许可证检查动火措施的落实情况，随时扑灭动火飞溅的火花；发现异常情况应立即通知动火人停止动火作业，及时联系有关人员采取措施。监火人必须坚守岗位，不准脱岗。在动火期间，不准兼作其他工作；在动火作业完成后，要会同有关人员清理现场，清除残火，确认无遗留火种后方可离开现场。

（4）动火部门负责人。动火单位班组长（值班长、工段长）为动火部位的负责人，应对所属生产系统在动火过程中的安全负责，并参与制订、负责落实动火安全措施，负责生产与动火作业的衔接，检查动火作业安全许可证。对审批手续不完备的动火作业安全许可证有制止动火作业的权力。在动火作业中，生产系统如出现紧急或异常情况，应立即通知停止动火作业。

（5）动火分析人。动火分析人应对动火分析手段和分析结果负责，根据动火地点所在单位的要求，亲自到现场取样分析，在动火作业安全许可证上填写取样时间和分析数据并签字。

（6）安全员。执行动火单位和动火点所在单位的安全员应负责检查本标准执行情况和安全措施落实情况，随时纠正违章作业，特殊危险动火、一级动火，安全员必须到现场。

（7）动火作业的审查批准人。各级动火作业的审查批准人审批动火作业时必须亲自到现场，了解动火部位及周围情况，确定是否需做动火分析，审查并明确动火等级，检查、完善防火安全措施，审查动火作业安全许可证的办理是否符合要求。在确认准确无误后，方可签字批准动火作业。

四、锅炉压力容器安全技术与管理

◎ 锅炉压力容器安全技术

锅炉压力容器是锅炉与压力容器的全称，因为它们同属于特种设备，在生产和生活中占有很重要的位置。

压力容器由于密封、承压及介质等原因，容易发生爆炸、燃烧起火而危及人员、设备和财产的安全及污染环境的事故。目前，世界各国均将其列为重要的监检产品，由国家指定的专门机构，按照国家规定的法规和标准实施监督检查和技术检验。

1. 锅炉检验

为确保在用的锅炉、压力容器的可靠性和完好性，应根据法规和标准的要求，定期对锅炉和压力容器进行检验。

锅炉的定期检验包括：外部检验、内部检验和水压试验。定期检验由锅炉压力容器安全监察机构审查批准的检验单位进行。

（1）外部检验。外部检验是指锅炉运行状态下对锅炉安全状况进行的检验，锅炉的外部检验一般为一年。除正常外部检验外，当有下列情况之一时，也应进行外部检验。

①锅炉开始投运时。

②锅炉停止运行一年以上恢复运行时。

③锅炉的燃烧方式和安全自控系统有改动后。

（2）内部检验。内部检验是指锅炉在停炉状态下对锅炉安全状况进行的检验，内部检验一般每两年进行一次。除正常内部检验外，当有下列情况之一时，也应进行内部检验。

①安装的锅炉在运行一年后。

②锅炉停止运行一年以上恢复运行。

③移装锅炉投运前。

④受压元件经重大修理或改造后及重新运行一年后。

⑤根据上次内部检验结果和锅炉运行情况，对设备的安全可靠性能怀疑时。

⑥根据外部检验结果和锅炉运行情况，对设备的安全可行性有怀疑时。

（3）水压试验。水压试验是指锅炉以水为介质，以规定的试验压力对锅炉受压力部件强度和严密性进行的检验。水压试验一般每六年进行一次，对无法进行内部检验的锅炉，应每三年进行一次水压力试验。水压试验不合格的锅炉不得投入使用。

（4）锅炉检验的注意事项。

①锅炉检验前，使用单位应提前进行停炉、冷却、放出锅炉水。

②检验时与锅炉相连的供汽（水）管道、排污管道、给水管道及烟、风道用金属盲板等可靠措施隔绝，金属盲板应有足够的强度并应逐一编号、挂牌。

③进入锅筒、容器检验前，应注意通风；检验时，容器外应有人监护。

④检验所用照明电源的电压一般不超过 12V，如在比较干燥的烟道内并有妥善的安全措施，则可采用不高于 36V 的照明电压。

⑤燃料的供给和点火装置应上锁。

⑥禁止带压拆除连接部件。

⑦禁止自行以气压试验代替水压试验。

2. 锅炉的安全运行

（1）检查准备。对新装、移装和检修后的锅炉，启动前应进行全面检查。为不遗漏检查项目，其检查应按照锅炉运行规程的规定逐项进行。

（2）上水。上水水温最高不应超过 90℃，水温与筒壁温度之差不超过 50℃。对水管锅炉，全部上水时间在夏季不小于 1h，在冬季不小于 2h。冷炉上水至最低安全水位时应停止上水。

（3）烘炉。新装、移装、改造或大修后的锅炉以及长期停用的锅炉，应进行烘炉以去除水分。严格执行烘炉操作规程，注意升温速度不宜过快，烘炉过程中经常检查炉墙有无开裂、塌落，严格控制烘炉温度。

（4）煮炉。新装、移装、改造和大修后的锅炉，正式投运前应进行煮炉。煮炉的目的是清除制造、安装、修理和运行过程中产生和带入锅内的铁锈、油脂、污垢和水垢，防止蒸汽品质恶化以及避免受热面因结垢而影响传热。

煮炉一般在烘炉后期进行。煮炉过程中应承受时检查锅炉各结合面有否渗漏，受热面能否自由膨胀。煮炉结束后应对锅筒、集箱和所有炉管进行全面检查，确认铁锈、油污是否去除，水垢是否脱落。

（5）点火与升压。一般锅炉上水后即可点火升压。点火方法因燃烧方式和燃烧设备而异。点火前，开动引风机给锅炉通风 5～10min，没有风机的可自然通风 5～10min，以清除炉膛及烟道中的可燃物质。汽油炉、煤粉炉点燃时，应先送风，之后投入点燃火炬，最后送入燃料。一次点火未成功需重新点燃火炬时，一定要在点火前给炉膛烟道重新通风，待充分清除可燃物之后再点火操作。

对于自然循环锅炉来说，起升压过程与日常的压力锅升压相似，即锅内压力是由烧火加热产生的，升压过程与受热过程紧紧地联系在一起。

（6）暖管与并汽。

①暖管。用蒸汽慢慢加热管道、阀门等部件，使其温度缓慢上升，避免向冷态或较低温度的管道突然供入蒸汽，以防止热应力过大而损坏管道、阀门等部件；同时将管道中的冷凝水驱出，防止在供汽时发生水击。

②并汽。并汽也叫并炉、并列，即新投入运行锅炉向共用的蒸汽母管供汽。并汽前应减弱燃烧，打开蒸汽管道上的所有疏水阀，充分疏水以防水击；冲洗水位表，并水位维持在正常水位线以下，使锅炉的蒸汽压力稍低于蒸汽母管内气压，缓慢打开主汽阀及隔绝阀，使新启动锅炉与蒸汽母管连通。

3. 压力容器的检验

压力容器的定期检验包括：外部检查、内外部检验和耐压试验。

（1）外部检查。外部检验是指在用压力容器运行中的定期在线检查，每年至少进行一次。外部检查可以由检验单位有资格的检验员进行，也可由经安全监察机构认可的使用单位压力容器专业人员进行。

（2）内外部检验。内外部检验是指在用压力容器停机时的检验。内外部检验应由检验单位有资格的检验员进行。压力容器投用后首次内外部检验周期一般为3 年。内外部检验周期的确定取决于压力容器的安全状况等级。当压力容器安全状况等级为 1、2 级时，每 6 年至少进行一次内外部检验；当压力容器安全状况等级为 3 级时，每 3 年至少进行一次内外部检验。

（3）耐压试验。耐压试验是指压力容器停机检验时，所进行的超过最高使用压力的液压试验或气压试验。对固定式压力容器，每两次内外部检验期间内，至少进行一次耐压试验；对移动式压力容器，每6年至少进行一次耐压试验。

4.压力容器的安全运行

正确合理地操作和使用压力容器，是保证其安全运行的一项重要措施。对压力容器操作的基本要求如下。

（1）平稳操作。平稳操作主要是指缓慢地进行加载和卸载以及运行期间保持载荷的相对稳定。压力容器开始加压时，速度不宜过快，尤其要防止压力的突然升高，因为过高的加载速度会降低材料的断裂韧性，可能使存在微小缺陷的容器在压力的冲击下发生脆断。高温容器或工作温度在零度以下的容器，加热或冷却也应缓慢进行，以减小壳体的温度梯度。运行中更应该避免容器温度的突然变化，以免产生较大的温度应力。运行中压力频繁地或大幅度地波动，对容器的抗疲劳破坏是极不利的，因此应尽量避免压力波动，保持操作压力的稳定。

（2）防止超载。由于压力容器允许使用的压力、温度、流量及介质充装等参数是根据工艺设计要求和保证安全生产的前提下制订的，故在设计压力和设计温度范围内操作可确保运行安全。反之如果容器超载超温超压运行，就会造成容器的承受能力不足，因而可能导致压力容器爆炸事故的发生。

（3）容器运行期间的检查。在压力容器运行过程中，对工艺条件、设备状况及安全装置等进行检查，以便及时发现不正常情况，采取相应的措施进行调整或消除，防止异常情况的扩大和延续，保证容器的安全运行。

（4）记录。操作记录是生产操作过程中的原始记录，操作人员应认真及时，准确真实地记录容器实际运行状况。

（5）紧急停止运行。运行中若容器突然发生故障，严重威胁安全时，容器操作人员应及时采取紧急措施，停止容器运行，并上报上级领导。

（6）维护保养。加强容器的维护保养防止容器因被腐蚀而致壁厚减薄甚至发生断裂事故。具体措施如下。

①容器在运行过程中保持完好的防腐层，经常检查防腐层有无自行脱落或装料和安装内部附件时被刮落或撞坏。

②控制介质含水量，经常排放容器中的冷凝水，消除产生腐蚀的因素。

③消灭容器的"跑、冒、滴、漏"等。

（7）使用期间的维护。容器长期或临时停用时应将介质排除干净，对容器有腐蚀性介质要经过排放、置换、清洗等技术处理。处理后应保持容器的干燥和洁净，减轻大气对停用容器的腐蚀。另外也可采用外表面涂刷油漆的方法，防止大气腐蚀。

◎ 锅炉压力容器安全管理

1. 锅炉运行管理

（1）锅炉正常运行时，应根据实际情况随时调节水位、气压、炉膛负压以及进行除灰和排污工作。

（2）加强水处理管理，按规定的时间间隔对水质进行监控。

（3）加强锅炉运行中的巡回检查，监视液位、压力波动，按规定频次吹灰和水位计冲洗。

（4）做好运行记录，当出现故障时，还应将故障情况及处理措施予以记录。

2. 停炉的维护与保养

（1）正常停炉。正常停炉指锅炉的有计划检修停炉。停炉时，要防止锅炉急剧冷却，当锅炉压力降至大气压时，开启放空阀或提升安全阀，以免造成锅筒内负压。停炉后应在蒸汽、给水、排污等管路中装置挡板，保证与其他运行中的锅炉可靠隔离。锅炉放水后，应及时清除受热面一侧的污垢，清除各受热面烟气侧上的积灰和烟垢。根据停炉时间的长短确定保养方法。

（2）紧急停炉。紧急停炉，是当锅炉发生事故时，为了防止事故的进一步扩大而采取的应急措施。紧急停炉时，应按顺序操作，停止燃料供应，减少引风，但不允许向炉膛内浇水；将锅炉与蒸汽母管隔断，开启放空阀；当气压很高时，可手动提起安全阀放汽或开启过热器疏水阀，使气压降低。

因缺水事故而紧急停炉时，严禁向锅炉给水，并不得开启放空阀或提升安全阀排汽，以防止锅炉受到突然的温度或压力的变化而扩大事故。如无缺水现象，可采取进水和排污交替的降压措施。

因满水事故而紧急停炉时，应立即停止给水，减弱燃烧，并开启排污阀放水，同时开启主汽管、分汽缸上的疏水阀。

停炉后，开启省煤器旁路烟道挡板，关闭主烟道挡板，打开灰门和炉门，促使空气对流，加快炉膛冷却。

五、检修作业安全技术与管理

◎ 检修作业安全技术

检修就是对机器进行检查和维修，以确保正常运行和安全生产。

人们常常错误认为，检修不会有什么大的危险。事实是，很多事故发生在检修作业中。

1. 检修作业危险分析

由于检修作业项目多，任务重，时间紧，人员多，涉及面广，又是多工种同时作业，故而危险性比较大，存在火灾爆炸、中毒窒息、触电、高处坠落和物体打击、机械伤害等危险。

火灾爆炸是检修作业中常遇到的危险之一。检修作业中，特别是化工企业生产中，其原料和产品大多数具有易燃易爆、高温高压的特性，在检修时容易出现化学危险物品泄漏或在设备管道中残存，在试车阶段则可能在设备中残存或混入空气，形成爆炸性混合气体，一旦发生火灾往往火势迅猛，损失严重。

中毒窒息也是检修作业中经常遇到的危险。检修作业中，进入各类塔、球、釜、槽、罐、炉膛、锅筒、管道、容器地下室、阴井、地坑、下水道或其他封闭场所的情况较多，检修前没有制定相关设施、设备检修安全操作规程，也未制订安全防护措施，且没有对转岗和新上岗员工进行安全技术教育，员工对突发事故不能正确处理，从而引起事故甚至造成扩大。

触电是检修作业中最危险的因素。在检修作业中，由于安全预防措施没有做到位，引发的事故也是非常多的。如不做临时接地线，电线绝缘损坏，作业人员进入禁区而失去了间隔屏障，作业人员不穿绝缘鞋、不戴电焊手套等导致触电事故发生，或是检修电气设备、设施、排除电气故障作业，必须办理停电申请，有双路供电的要同时停电，停电后还要当场验电，做临时接地线、挂警示牌；带电作业或在带电设备附近工作时，应设监护人，监护人的安全技术等级应高于操作人，工作人员应服从监护人的指挥，监护人在执行监护时，不应兼做其他工作等，这些措施没有做或没有做到位，从而引发检修出点触电事故的发生。

2. 检修作业前的准备要求

加强对检修的管理，在检修前做好相关的准备工作是非常重要的。制订好检修的方案和制订必要的安全措施是保障检修安全的重要环节。项目进行检修作业前必须严格按规定办理和规范填写各种安全作业票证。坚持一切按规章办事，一切凭票证作业，这是控制检修作业的重要手段。检修前，加强对参加检修作业的人员进行安全教育是保障安全检修的重要工作。要重点对检修人员进行有关检修安全规章制度、检修作业现场和检修过程中可能存在或出现的不安全因素及对策、检修作业过程中个体防护用具和用品的正确佩戴和使用以及检修作业项目、任务、检修方案和检修安全措施等方面内容的教育。

检修前的准备工作是非常重要的，主要包括以下几方面。

（1）根据设备检修项目要求，制订设备检修方案，落实检修人员、检修组织、安全措施。

（2）检修项目负责人必须按检修方案的要求，组织检修任务人员到检修现场，交代清楚检修项目、任务、检修方案，并落实检修安全措施。

（3）检修项目负责人对检修安全工作负全面责任，并指定专人负责整个检修作业过程的安全工作。

（4）设备检修如需高处作业、动火、动土、断路、吊装、抽堵盲板、进入设备内作业等，须按规定办理相应的安全作业证。

（5）设备的清洗、置换、交出由设备所在单位负责，设备清洗、置换后应有分析报告。检修项目负责人应会同设备技术人员、工艺技术人员检查并确认设备、工艺处理及盲板抽堵等符合检修安全要求。

3. 检修前的安全检查

检修前进行安全检查是保障作业条件和环境符合作业要求、发现和消除存在的危险因素的重要步骤。检查的重点一般包括以下内容。

（1）对设备检修作业用的脚手架、起重机械、电气焊用具、手持电动工具、扳手、管钳、锤子等各种工器具认真进行检查或检验，不符合安全作业要求的工器具一律不得使用。

（2）对设备检修作业用的气体防护器材、消防器材、通信设备、照明设备等器材设备应经专人检查，保证完好可靠，并合理放置。

（3）对设备检修现场的固定式钢直梯、固定式钢斜梯、固定式防护栏杆、固定式钢平台、算子板、盖板等进行检查，确保安全可靠。

（4）对设备检修用的盲板应按规定逐个进行检查，高压盲板须经探伤合格后方可使用。

（5）对设备检修现场的坑、井、洼、沟、陡坡等应填平或铺设与地面平齐的盖板，设置围栏和警告标志，夜间应设警示红灯。

（6）对有化学腐蚀性介质或对人员有伤害介质的设备检修作业现场，确保有作业人员在沾染污染物后的冲洗水源。

（7）夜间检修的作业现场，应保证设有足够亮度的照明装置。

（8）需断电的设备，在检修前应确认是否切断电源，并经启动复查，确定无电后，在电源开关处挂上"禁止启动，有人作业"的安全标志及锁定。

（9）对检修所使用的移动式电气工器具，确保配有漏电保护装置。

（10）对有腐蚀性介质的检修场所须备有冲洗用水源。

（11）将检修现场的易燃易爆物品、障碍物、油污、冰雪、积水、废弃物等影响检修安全的杂物清理干净。

（12）检查、清理检修现场的消防通道、行车通道，保证畅通无阻。

4. 检修作业现场的防火防爆要求

（1）现场严禁吸烟。

（2）动火作业必须按危险等级办理相应的"动火作业安全许可证"。动火证只能在批准的期间和范围内使用，严禁超期使用。不得随意转移动火作业地点和扩大动火作业的范围，严格遵守一个动火点办一个动火证的安全规定。

（3）如需进入设备容器内或需在高处进行动火作业，除按规定办理动火证外，还必须按规定同时办理"进塔入罐安全作业许可证"或"高处作业安全许可证"。

（4）动火作业前，应检查电、气焊等动火作业所用工器具的安全可靠性，不得带病使用。

（5）使用气焊切割动火作业时，乙炔气瓶、氧气瓶不得靠近热源，不得放在烈日下暴晒，并禁止放在高压电源线及生产管线的正下方，两瓶之间应保持不小于 5m 的安全距离，与动火作业点明火处均应保持 10m 以上的安全距离。

（6）乙炔气瓶、氧气钢瓶内气体均不得用尽，必须留有一定的余压。乙炔气瓶严禁卧放。

（7）需动火作业的设备、容器、管道等，应采取可靠的安全隔绝措施，如加上盲板或拆除一段管线，并切断电源，清洗置换，分析合格，符合动火作业的安全要求。

（8）动火作业时，须遵守有关动火作业的安全管理规定。

（9）在高处进行动火作业应采取防止火花飞溅的措施，5级以上大风天气，应停止室外高处动火作业。

（10）严禁用挥发性强的易燃液体，如汽油、橡胶水等清洗设备、地坪、衣物等。

（11）禁止用氧气吹风、焊接，切割作业完毕后不得将焊（割）具遗留在设备容器及管道内。

（12）动火作业结束后，动火作业人员应消除残火，确认无火种后方可离开作业现场。

5.检修作业防中毒窒息安全要求

（1）凡进入各类塔、釜、槽、罐、炉膛、管道、容器以及地下室、窨井、地坑、下水道或其他封闭场所作业，均须遵守有关进入有限空间作业的相关规定。

（2）未经处理的敞开设备或容器，应当作密闭容器对待，严禁擅自进入，严防中毒窒息。

（3）在进入设备、容器之前，该设备、容器必须与其他存有有毒有害介质的设备或管道进行安全隔绝，如加盲板或断开管道，并切断电源，不得用其他方法如水封或阀门关闭的方法代替，并清洗置换，安全分析合格。

（4）若检修作业环境发生变化，检修人员感觉异常，并有可能危及作业人员人身安全时，必须立即撤出设备或容器。若需再进入设备或容器内作业时，须对设备或容器重新进行处理，重新进行安全分析，分析合格，确认安全后，检修项目负责人方可通知检修人员重新进入设备或容器内作业。

（5）进入设备或容器内作业应加强通风换气，必要时应按规定配备防护器材。

（6）谨防设备或容器内逸出有毒有害介质，必要时应增加安全分析项数，加强监护工作。

（7）作业人员必须会正确使用气体防护器材。

6. 检修作业防触电安全要求

（1）电气设备检修作业必须遵守有关电气设备安全检修规定。

（2）电气工作人员在电气设备上及带电设备附近工作时，必须认真执行工作票等制度，认真做好保证安全的技术措施和组织措施。

（3）不准在电气设备、线路上带电作业，停电后，应将电源开关处熔断器拆下并锁定，同时挂上禁动牌。

（4）在停电线路和设备上装设接地线前，必须放电、验电，确认无电后，在工作地段两侧挂上接地线，凡有可能送电到停电设备和线路工作地段的分支线，也要挂地线。

（5）一切临时安装在室外的电气配电盘、开关设备，必须有防雨淋设施，临时电线的架设须符合有关安全规定。

（6）手持电动工具必须经电气作业人员检查合格后，贴上标记，方能投入使用，在使用中必须加设漏电保护装置。

（7）电焊机应设独立的电源开关和符合标准的漏电保护器。电焊机二次线圈及外壳必须可靠接地或接零，一次线路与二次线路须绝缘良好，并易辨认。一次线路中间严禁有接头。

（8）各单位应指定专人负责停送电联系工作，并办理停送电联系单。设备交出检修前必须联系电气车间彻底切断电源，严防倒送电。

（9）一切电气作业均应由取得特种作业证的电工进行，无证人员严禁从事电气作业。

（10）作业现场所用的风扇、空压机、水泵等的接地装置、防护装置须齐全良好。

7. 防高处坠落安全要求

（1）高处作业前，必须按规定办理"高处作业安全许可证"，采取可靠的安全措施，指定专人负责，专人监护，各级审批人员严格履行审批手续。审批人员应赴高处作业现场检查确认安全措施后，方可批准。

（2）严禁患有"高处作业职业禁忌症"的员工参与高处作业。

（3）高处作业用的脚手架的搭设必须符合规范，按规定铺设固定跳板，必要时跳板应采取防滑措施，所用材料须符合有关安全要求，脚手架用完后应立即拆除。

（4）高处作业所使用的工具、材料、零件等必须装入工具袋内，上下时手中不得持物，输送物料时应用绳袋起吊，严禁抛掷。易滑动或易滚动的工具、材料堆放在脚手架上时，应采取措施，防止坠落。

（5）登石棉瓦等轻型材料作业时，必须铺设牢固的脚手架，并加以固定，脚手架应有防滑措施。

（6）高处作业与其他作业交叉进行时，必须按指定的路线上下，禁止上下垂直作业，若必须垂直进行时，应采取可靠的隔离措施。

8. 防机械伤害安全要求

（1）所有机械的传动、转动部分及机械设备易对人员造成伤害的部位均应有防护装置，没有防护装置不得投入使用。

（2）机械设备启动前应事先发出信号，以提醒他人注意。

（3）打击工具的固定部位必须牢固，作业前均应检查其紧固情况，合格后方可投入使用。

9. 起重作业安全要求

（1）起重机械、器具必须事先检查合格，防止起重作业过程中有滑动倾斜现象。

（2）当重物起吊悬空时，卷扬机前不得站人。

（3）正在使用中的卷扬机，如发现钢丝绳在卷筒上的绕向不正，必须停车后方可校正。

（4）卷扬机在开车前，应先用手扳动机器空转一圈，检查各零部件及制动器，确认无误后再进行作业。严禁超载使用。

10. 防中暑安全要求

（1）各单位应备足防暑降温用品，以供检修人员使用，严防中暑。

（2）各单位所供防暑降温饮料等应符合食品卫生标准，防止食物中毒或肠道疾病发生。

（3）在确保大修项目任务完成的前提下，各单位可自行调整作息时间，以避开高温时段。

11. 检修结束后的安全要求

（1）检修项目负责人应会同有关检修人员检查检修项目是否有遗漏，工器具和材料等是否遗漏。

（2）检修项目负责人应会同设备技术人员、工艺技术人员根据生产工艺要求检查盲板抽堵情况。

（3）因检修需要而拆移的盖板、篦子板、扶手、栏杆、防护罩等安全设施要恢复正常。

（4）检修所用的工器具应搬走，脚手架、临时电源、临时照明设备等应及时拆除。

（5）设备、屋顶、地面上的杂物、垃圾等应清理干净。

（6）检修单位会同设备所在单位和有关部门对设备等进行压、试漏，调校安全阀、仪表和连锁装置，并做好记录。

（7）检修单位会同设备所在单位和有关部门，对检修的设备进行单体和联动试车，验收交接。

◎ 检修作业安全管理

1.建立检修安全管理制度

由于检修作业的特殊性，加强对检修作业的管理是日常安全管理工作的重要内容，企业应建立检修安全管理制度，检修项目均应在检修前办理检修任务书，明确检修项目负责人，并履行审批手续，检修项目负责人必须按检修任务书要求，亲自或组织有关技术人员到现场向检修人员交底，落实检修安全措施，检修项目负责人对检修工作实行统一指挥、调度，确保检修过程的安全。只有把检修工作纳入到日常安全管理工作中，才能有效地控制事故的发生。

"检修安全作业证"制度是检修作业一项有效的管理制度，"检修安全作业证"一般由企业的设备管理部门负责管理，设备所在单位提出设备检修方案及相应的安全措施，并填写"检修安全作业证"相关栏目，检修项目负责单位提出施工安全措施，并填写"检修安全作业证"相关栏目。设备所在单位、检修施工单位对"检修安全作业证"进行审查，并填写审查意见，企业设备管理部门对"检修安全作业证"进行终审审批。

2.实行"三方确认"制度

"三方确认"制度，是一种保证检修作业过程安全的工作方法，是对作业现场的设备状况采取静态控制、动态预防，切断、制止有可能诱发事故根源的工作程序。"三方"是指生产岗位员工、电工、检修工。生产人员即生产班组的班组长或岗位设备主操作工,负责对检修方进行生产情况、作业环境的安全要求交底,主动联系、关闭或切断与待修设备相连通的电、水、气(汽)、料源,确认后悬挂"有人工作、禁止操作"的警示标牌;作业电工负责切断动力电源和操作电源,并分别挂上"有人工作、禁止合闸"的警示标牌,确保清理、检修设备处于无电状态;检修作业的负责人组织所有清理、检修人员根据现场作业环境,做好清理、检修前的安全准备,即危险预知、事故应急预案、事故防范措施、应急处理等。"三方确认"制度主要包括以下几方面内容。

清理、检修作业人员在接到清理、检修任务后,应持"三方确认"空白单,至被清理、检修岗位进行联络,被清理、检修岗位即生产运行岗位,接到需要清理、检修的部位后,联系电工对所要清理、检修的设备进行停电;三方同时确认确实已经停电,由电工挂上停电标志牌。

以岗位为主,检修作业人员为辅,针对需要检修的设备,根据生产实际流程和各种物料,即水、气(汽)、料的来龙去脉,共同查找有可能存在的串料、串水、串气(汽)等问题,采取与有关人员联系,停料、水、气(汽),挂牌,必要时加隔离板等预防措施。措施执行以后,双方共同确认所做的措施是否完善,有无差错和遗漏,并做好记录。对于大型的检修作业,单位第一负责人要亲自组织确认。

确认后三方须在"三方确认"单上填写确认时间、工作人员姓名等。

三方安全确认结束,即清理、检修作业前的防范措施到位后,清理、检修作业区的安全作业由清理、检修方负责。

需要返工时,必须重新进行三方联络挂牌确认,重新制订安全防范措施,且措施到位后方可返工。

三方确认完毕,措施到位,分别由生产人员、停电人员和清理、检修负责人,填写"检修作业三方确认单"(表7-6),签字生效。工作结束,清理、检修负责人通知生产岗位人员验收,验收合格,由生产岗位人员通知电工送电,并依次签写工作完毕确认单,存档备案。"三方确认"制度的实施,不管从员工的操作安全上,还是在设备的维护上,都起到了很好的推进作用,即明确了作业者的责任,实现了作业之间互保和联保,降低了事故的发生率。

表 7-6 检修作业三方安全确认单

作业 名称			作业地点	
参加 人员				
作业 时间	年 月 日 时至 年 月 日 时			
安全确认内容	1. 现场作业环境已安全交底；切断与待修设备相连通的水、料、气（汽）、电源，挂警示标牌，必要时要加装盲板			
	2.检修方已做好危险预知，开展好危险预案，制订作业方案，落实安全措施；待修设备已处于安全状态			
	3.其他需要补充的内容			
工作前	生产人员	岗位： 签字： 月 日 时 分		
	停电人员	停电： 签字： 月 日 时 分		
	检修负责人	单位： 签字： 月 日 时 分		
工作完	检修负责人	单位： 签字： 月 日 时 分		
	验收人员	单位： 签字： 月 日 时 分		
	送电人员	送电： 签字： 月 日 时 分		
备注				

第八章

各种重大危险源辨识

一、重大危险源分类与申报

◎什么是重大危险源

《危险化学品重大危险源辨识》GB 18218—2009 中将重大危险源定义为：长期地或临时地生产、加工、使用或储存危险化学品，且危险化学品的数量等于或超过临界量的单元。

《安全生产法》中将重大危险源定义为：长期地或者临时地生产、搬运、使用或者储存危险物品，且危险物品的数量等于或者超过临界量的单元（包括场所和设施）。

综合上述危险源的概念，可将重大危险源（major hazards）理解为超过一定量的危险源。

GB 18218—2000 中的重大危险源分为生产场所重大危险源和储存区重大危险源两种，相同物质在生产场所和储存场所的规定临界量是不同的，而 2009 版中则不再区分，而是统一规定。

GB 18218—2009 代替 GB 18218—2000 后，GB 18218—2009 与 GB 18218—2000 相比主要变化如下。

（1）将标准名称改为《危险化学品重大危险源辨识》。

（2）将采矿业中涉及危险化学品的加工工艺和储存活动纳入了适用范围。

（3）不适用范围增加了海上石油天然气开采活动。

（4）对部分术语和定义进行了修订。

（5）对危险化学品的临界量进行了修订。

（6）取消了生产场所与储存区之间临界量的区别。

◎重大危险源怎么分类与辨识

（一）危险源分类

根据危险源在事故发生、发展中的作用，可将危险源分为两类：第一类危险源，第二类危险源。

1. 第一类危险源

（1）常见的第一类危险源。表8-1列举了工业生产过程中常见的第一类危险源。

表8-1　伤害事故类型与第一类危险源

事故类型	能量源或危险物的产生、储存	能量载体或危险物
物体打击	产生物体落下、抛出、破裂、飞散的设备、场所、操作	落下、抛出、破裂、飞散的物体
车辆伤害	车辆，使车辆移动的牵引设备、坡道	运动的车辆
机械伤害	机械的驱动装置	机械的运动部分、人体
起重伤害	起重、提升机械	被吊起的重物
触电	电源装置	带电体、高跨步电压区域
灼烫	热源设备、加热设备、炉、灶、发热体	高温物体、高温物质
火灾	可燃物	火焰、烟气
高处坠落	高度差大的场所、人员借以升降的设备、装置	人体
坍塌	土石方工程的边坡、料堆、料仓、建筑物、构筑物	边坡土（岩）体、物料、建筑物、构筑物、载荷
冒顶片帮	矿山采掘空间的围岩体	顶板、两帮围岩
放炮、火药爆炸	炸药	
瓦斯爆炸	可燃性气体、可燃性粉尘	
锅炉爆炸	锅炉	蒸汽
压力容器爆炸	压力容器	内容物
淹溺	江、河、湖、海、池塘、洪水、储水容器	水
中毒窒息	产生、储存、聚积有毒有害物质的装置、容器、场所	有毒有害物质

（2）产生、供给能量的装置、设备。

（3）使人体或物体具有较高势能的装置、设备、场所。

（4）能量载体，拥有能量的人或物。

（5）一旦失控可能产生巨大能量的装置、设备、场所。

（6）一旦失控可能发生能量蓄积或突然释放的装置、设备、场所。

（7）危险物质。

（8）生产、加工、储存危险物质的装置、设备、场所。

（9）人体一旦与之接触将导致人体能量意外释放的物体。

2.第二类危险源

导致能量或危险物质约束或限制措施破坏或失效的各种因素即称为第二类危险源。它包括人、物、环境三个方面的问题（表8-2）。

表8-2　第二类危险源的因素

因素		说明	影　响
人	不安全行为	一般指明显违反安全操作规程的行为，这种行为往往直接导致事故发生。例如，不断开电源就带电修理电气线路而发生触电等	可能直接破坏对第一类危险源的控制，造成能量或危险物质的意外释放；也可能造成物的不安全因素问题，物的不安全因素问题进而导致事故。例如，超载起吊重物造成钢丝绳断裂，发生重物坠落事故
	人的失误	指人的行为的结果偏离了预定的标准。例如，合错了开关使检修中的线路带电，误开阀门使有害气体泄漏等	
物	物的不安全状	是指机械设备、物质等明显的不符合安全要求的状态。例如，没有防护装置的转动齿轮、裸露的带电体等	可能直接使约束、限制能量或危险物质的措施失效而发生事故。例如，电线绝缘损坏发生漏电；管路破裂使其中的有毒有害介质泄漏等。有时一种物的故障可能导致另一种物的故障，最终造成能量或危险物质的意外释放。例如，压力容器的泄压装置故障，使容器内部介质压力上升，最终导致容器破裂
	物的故障（或失效）	指机械设备、零部件等由于性能低下而不能实现预定功能的现象	

续表

因素	说明	影　响
环境	主要指系统运行的环境，包括温度、湿度、照明、粉尘、通风换气、噪声和震动等物理环境以及企业和社会的软环境	不良的物理环境会引起物的不安全因素问题或人的因素问题。例如，潮湿的环境会加速金属腐蚀雨降低结构或容器的强度；工作场所强烈的噪声影响人的情绪，分散人的注意力而发生人失误。企业的管理制度，人际关系或社会环境影响人的心理，可能造成人的不安全行为或人失误

　　第二类危险源通常都是一些围绕第一类危险源随机发生的现象，它们出现的情况决定事故发生的可能性。第二类危险源出现得越频繁，发生事故的可能性越大。

　　3. 两类危险源的关系

　　一起事故的发生是两类危险源共同作用的结果。第一类危险源的存在是事故发生的前提，第二类危险源的出现是第一类危险源导致事故的必要条件。

　　第二类危险源的控制应该在第一类危险源控制的基础上进行，与第一类危险源的控制相比，第二类危险源是一些围绕第一类危险源随机发生的现象，对它们的控制更困难。

　　（二）危险源辨识

　　1. 危险源辨识的步骤

　　危险源辨识的步骤如下。

　　（1）确定危险、危害因素的分布。对各种危险、危害因素进行归纳总结，确定企业中存在哪些危险、危害因素及其分布状况等综合资料。

　　（2）确定危险、危害因素的内容。为了便于危险、危害因素的分析，防止遗漏，宜按厂址、品面布局、建（构）筑物、物质、生产工艺及设备、辅助生产设施（包括公用工程）、作业环境危险几部分，分别分析其存在的危险、危害因素，并列表登记。

　　（3）确定伤害（危害）方式。伤害（危害）方式指对人体造成伤害、对人体健康造成损坏的方式。例如，机械伤害（危害）的挤压、咬合、碰撞、剪切等，中毒的靶器官、生理功能异常、生理结构损伤形式（如黏膜糜烂、窒息等），粉尘在肺泡内阻留、肺组织纤维化、肺组织癌变等。

（4）确定伤害（危害）途径和范围。大部分危险、危害因素是通过人体直接接触造成伤害。比如，爆炸是通过冲击波、火焰、飞溅物体在一定空间范围内造成伤害；毒物是通过直接接触（呼吸道、食道、皮肤黏膜等）或一定区域内通过呼吸带的空气作用于人体，噪声是通过一定距离的空气损伤听觉的。

（5）确定主要危险、危害因素。对导致事故发生的直接原因、诱导原因进行重点分析，从而为确定评价目标、评价重点、划分评价单元、选择评价方法和采取控制措施计划提供必要的基础。

（6）确定重大危险、危害因素。分析时要防止遗漏，尤其是对可能导致重大事故的危险、危害因素要给予特别的关注，不得忽略。不仅要分析正常生产运转、操作时的危险、危害因素，更重要的是要分析设备、装置破坏及操作失误可能产生严重后果的危险、危害因素。

2. 危险源辨识方法

（1）询问、交谈。在企业中，有丰富工作经验的老员工，往往能指出其工作中的危害。从指出的危害中，可初步分析出工作中所存在一、二类危险源。

（2）问卷调查。问卷调查是通过事先准备好的一系列有关问题，通过到现场察看及与作业人员交流沟通的方式，来获取职业健康安全危险源的信息。

（3）现场观察。通过对作业环境的现场仔细观察，可发现存在的危险，从事现场观察的人员，要求具有丰富的安全技术知识并掌握了职业健康安全法规、标准。

（4）查阅有关记录。查阅企业的事故、职业病的相关记录，可从中发现存在的危险源。

（5）获取外部信息。从有关类似组织、文献资料、专家咨询等方面获取有关危险源信息，对其进行分析研究，可辨识出组织存在的危险源。

（6）工作任务分析。通过分析组织成员工作任务中所涉及的危害，可以对危险源进行识别。

（7）安全检查表（SCL）。运用已编制好的安全检查表 (Safety Check List)，对组织进行系统的安全检查，可辨识出存在的危险源。

（8）危险与可操作性研究（HAZOP）。危险与可操作性研究 (Hazard and Operability Study)，是一种对工艺过程中的危险源实行严格审查和控制的技术。它是通过指导语句和标准格式寻找工艺偏差，以辨识系统存在的危险源，并确定控制危险源风险的对策。

（9）事件树分析（ETA）。事件树分析 (Event Tree Analysis)，是一种从初始原因事件起，分析各环节事件"成功（正常）"或"失败（失效）"的发展变化过程，并预测各种可能结果的方法，即时序逻辑分析判断方法。应用这种方法来分析系统各环节事件，可辨识出系统的危险源。

（10）故障树分析（FTA）。故障树分析 (Failure Tree Analysis) 是一种根据系统可能发生的或已经发生的事故结果，去寻找与事故发生有关的原因和规律。通过这样一个过程分析，可辨识出系统中导致事故的有关危险源。

上述方法各有千秋，组织在辨识危险源时应采用其中的一种或多种方法。

◎哪些重大危险源需要申报登记

经过危险源辨识，得到大量的危险源信息后，对这些信息进行登记整理和归档保存是一项非常重要的工作。

1. 重大危险源申报登记范围

根据《安全生产法》和国家《危险化学品重大危险源辨识》（GB 18218—2009）的规定，以及实际工作的需要，重大危险源申报登记的类型如下（表8-3）。

表8-3　重大危险源申报登记的类型

类型	特殊规定	备注
1.储罐区		包括储罐
2.库区		含库
3.生产场所		
4.压力管道	①长输管道 a.输送有毒、可燃、易爆气体，且设计压力大于1.6 MPa的管道 b.输送有毒、可燃、易爆液体介质，输送距离≥200km且管道公称直径≥300mm的管道 ②公用管道 中压和高压燃气管道，且公称直径≥200mm ③工业管道	

类型	特殊规定	备注
4.压力管道	a.输送GB 5044中，毒性程度为极度、高度危害气体、液化气体介质，且公称直径≥100mm的管道 b.输送GB 5044中极度、高度危害液体介质、GB 50160及GB J16中规定的火灾危险性为甲、乙类可燃气体，或甲类可燃液体介质，且公称直径≥100mm，设计压力≥4MPa的管道 c.输送其他可燃、有毒流体介质，且公称直径≥100mm，设计压力≥4MPa，设计温度≥400℃的管道	
5.锅炉	①蒸汽锅炉。额定蒸汽压力>2.5MPa，且额定蒸发量≥10t/h ②热水锅炉。额定出水温度≥120℃，且额定功率≥14MW	
6.压力容器	①介质毒性程度为极度、高度或中度危害的三类压力容器 ②易燃介质，最高工作压力≥0.1MPa，且PV≥100MPa·m³的压力容器(群)	
7.煤矿	符合下列条件之一的矿井： ①高瓦斯矿井 ②煤与瓦斯突出矿井 ③有煤尘爆炸危险的矿井 ④水文地质条件复杂的矿井 ⑤煤层自然发火期不超过6个月的矿井 ⑥煤层冲击倾向为中等及以上的矿井	井工 开采
8.金属非金属地下矿井	①瓦斯矿井 ②水文地质条件复杂的矿井 ③有自燃发火危险的矿井 ④有冲击地压危险的矿井	
9.尾矿库	全库容≥100万m³或者坝高≥30 m³的尾矿库	

2. 汇总方法

为了对危险源实行有效管理，可以使用两种汇总方法。

（1）按危险源分类，如物理性危险源、化学性危险源等。

（2）按产生职业健康安全问题的部门或过程归类，如储运、生产、研究开发、销售、服务等。

二、重大危险源安全管理流程与要点

◎重大危险源辨识管理流程与要点

1. 企业重大危险源辨识工作流程

工作流程如图 8-1 所示。

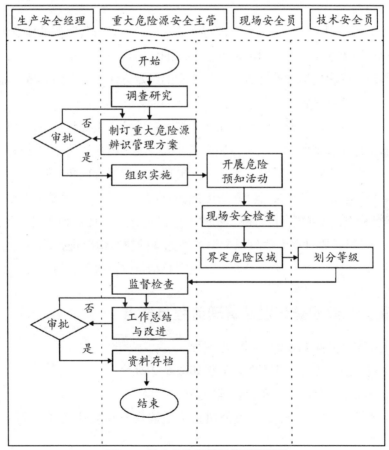

图8-1　重大危险源辨识管理流程图

2. 班组重大危险源辨识管理要点

（1）班组长要对整个本班组生产加工过程进行深入研究，分析危险源存在地点。

（2）班组长要明确国家《重大危险源辨识》有关规定，明确公司根据实际情况制定重大危险源辨识管理标准，明确公司对重大危险源的界定标准。

（3）生产安全经理对重大危险源辨识管理标准进行审批后，班组长要带领班组员工认真执行。

（4）班组长要配合重大危险源安全主管对实施重大危险源辨识工作，完成辨识任务。

（5）班组现场安全员要根据上级安排的任务开展危险预知活动，对作业人员进行询问调查。

（6）班组长用配合现场安全员进行现场安全检查，对危险源的作业环境进行调查，核查历史事故记录，对可能发生事故的危险区域实施重点检查。

（7）现场安全员经过检查后，寻找合适的界定方法界定危险区域，做好详细的记录，并将全部资料存档备查。

（8）技术安全员分析危险物存在条件与潜在危险，主要包括危险物的物理状况、存储条件、管理条件、危险物的能量释放强度等内容，然后划分危险区域的等级。危险源等级划分的原则是将重点突出来，以便于管理和控制。

（9）班组长要接受重大危险源安全主管对重大危险源辨识管理标准的实施情况进行的监督检查，如发现存在问题，采取措施及时解决，并将遇到的问题记录下来。

（10）班组长要对重大危险源辨识管理标准的执行情况进行总结，分析实施过程中出现的问题，并提出改进办法，撰写总结与改进报告，然后报告上级。

◎重大危险源登记建档管理流程与要点

1. 企业重大危险源登记建档管理流程

企业重大危险源登记建档管理流程如图 8-2 所示。

2. 班组重大危险源登记建档管理要点

（1）班组长和安全员要收集公司重大危险源安全隐患有关资料，并详细记录。

（2）根据收集的资料建立重大危险源管理档案，并将定期收集的公司重大危险源有关资料记录到档案中，然后递交上级主管。

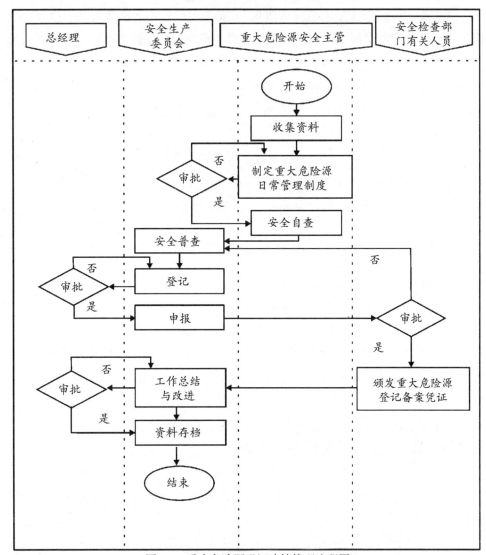

| 总经理 | 安全生产委员会 | 重大危险源安全主管 | 安全检查部门有关人员 |

图8-2 重大危险源登记建档管理流程图

（3）班组长和安全员要定期进行重大危险源安全自查，找到安全隐患，并加强预防措施。

（4）班组长和安全员要定期开展重大危险源安全普查，掌握本班组重大危险源的状况和分布情况，对检查中出现的问题及时通报有关部门，并进行整改。

（5）安全员要做好重大危险源登记工作，填写重大危险源登记表，递交上级主管。

（6）安全员根据《重大危险源辨识》《安全生产法》等法规以及申报登记范围填写重大危险源申报表，要注意严格按照规范填写，坚持实事求是的原则，如实地反映实际情况，然后与有关资料一并上报安全监管部门。

（7）班组长和安全员要对收到的重大危险源申报表与资料进行审核，如符合要求，登记并建立档案索引，并妥善保管；如不符合要求，重新进行安全普查并上报。

（8）安全员要对重大危险源安全普查预登记建档的有关情况进行总结，分析存在的问题，并提出改进措施，撰写总结与改进报告，然后递交上级主管。

（9）安全员要将本班组所用有关资料存档并妥善保存。

◎重大危险源监控管理流程与要点

1. 企业重大危险源监控管理流程

企业重大危险源监控管理流程见图8-3。

2. 班组重大危险源监控管理要点

（1）班组长和安全员要认真学习有关重大危险源安全管理的国家相关法律法规、公司以往的历史事故情况、安全评估方法、安全标准以及作业现场有关情况，并进行分析。

（2）班组长和安全员要根据企业制定的重大危险源监控制度，制订班组有关具体落实措施，明确有关人员的监控职责。

（3）对企业重大危险源监控制度，班组长要带领班组员工认真执行。

（4）现场安全员根据上级的安排安装检测装置；班组全体成员要保护好这些装置。

（5）生产班组长要组织人员定期检查重大危险源的安全状况，并详细抽查记录。

（6）生产班组长对存在重大事故隐患的危险源应立即采取科学、可行的安全措施，并进行整改。

（7）现场安全员组织人员定期进行事故应急演练，使相关人员掌握应急措施。

（8）现场安全员对重大危险源的生产参数、危险物质、设备、设施进行安全评估，选择合适的评估方法，主要有定性法、指数法、概率法以及软件法。撰写重大危险源安全评估报告，主要包括重大危险源的基本情况、评估结论与应对措施等有关内容，然后递交上级审核。

（9）班组长和安全员要自觉接受重大危险源安全主管对重大危险源监控制度的实施情况进行的监督检查，一经发现问题，立即提出应对的措施及时解决。

（10）班组长和安全员要对重大危险源监控管理制度的执行情况进行总结，分析实施过程中出现的问题，并提出应对的措施，撰写总结报告，然后递交上级主管。

（11）安全员要将重大危险源监控工作的有关资料存档，妥善保存。

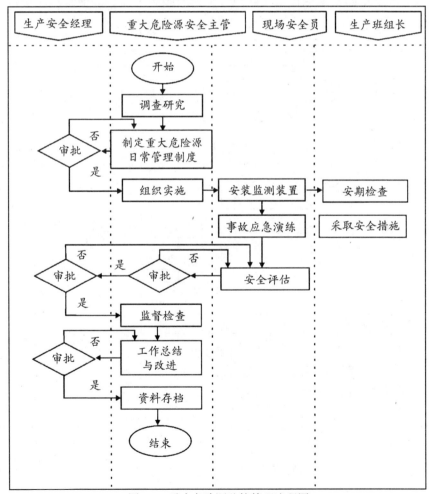

图8-3　重大危险源监控管理流程图

◎重大危险源信息反馈管理流程与要点

1. 企业重大危险源信息反馈管理流程

企业重大危险源信息反馈管理流程见图8-4。

2. 班组重大危险源信息反馈管理要点

（1）班组长和安全员要配合重大危险源安全主管对公司信息反馈系统进行的调查研究，分析存在的问题。

（2）班组长和安全员要认真执行重大危险源信息反馈制度，明确相关职责。

（3）班组长要根据重大危险源信息反馈制度明确责任人。

（4）班组长如发现存在重大隐患，应及时报告上级，以便组织人员及时处理，发布预警信息和做好相关记录。

（5）班组长对新发现的重大危险源应立即向上级主管报告。

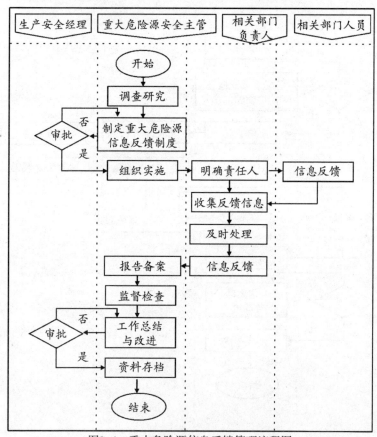

图8-4　重大危险源信息反馈管理流程图

（6）班组长要对重大危险源信息反馈制度的实施情况进行总结，发现问题后，提出应对措施并及时解决。

（7）安全员将本班组重大危险源管理的相关资料存档，妥善保存。

◎重大危险源日常管理流程与要点

1. 企业重大危险源日常管理流程

企业重大危险源日常管理流程见图 8-5。

2. 班组重大危险源日常管理要点

（1）班组长要对重大危险源的日常管理工作进行调查研究，分析存在哪些陋习，并进行总结。

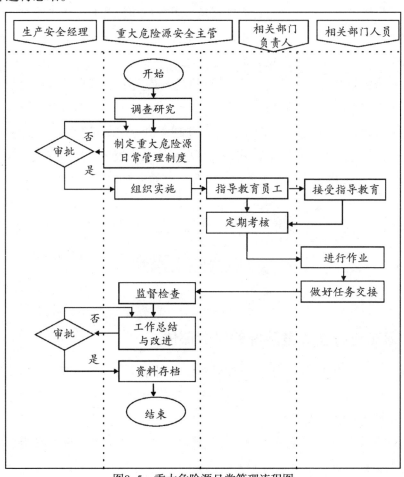

图8-5　重大危险源日常管理流程图

（2）班组长和安全员要认真学习有关重大危险源日常管理的制度，领会上级精神。

（3）班组长和安全员要认真执行重大危险源日常管理制度，并制订相应的执行办法。

（4）班组长要根据重大危险源日常管理制度指导教育员工，明确重大危险源的预防与检查措施，可采取培训、开展重大危险源竞赛知识、宣传栏进行宣传等方式，并指导员工进行标准化作业。

（5）班组员工要接受指导教育，掌握重大危险源的预防与检查等相关知识。

（6）班组长对员工要进行定期考核，了解员工对有关知识的掌握程度，并根据考核结果奖惩相关人员。

（7）班组员工进行作业时，要严格遵守重大危险源的日常管理制度。

（8）班组长要做好任务交接工作，提前做好准备工作，将有关情况详细告知交接人员，为交接人员创造良好的工作环境。

（9）班组长要对重大危险源日常管理制度的实施情况进行检查，分析实施过程中出现的问题，并及时解决。

（10）班组长要对重大危险源日常管理制度执行情况进行总结，分析执行过程中出现的问题，并提出改进措施，撰写总结与改进报告，然后递交上级主管。

（11）安全员将本班组有关重大危险源管理的资料存档，妥善保存。

三、重大危险源的危害预防与监控

◎怎么进行重大危险源的风险评估

风险评估，也叫风险评价或危险评价，是对系统存在的危险性进行定性和定量分析，得出系统发生危险的可能性及其程度的评价，以寻求最低事故率、最少的损失和最优的安全投资效益。

无数事故分析的结果都表明，在生产活动中，凡是发生重大安全事故的企业，绝大多数是由于重大危险源失控造成的。《中华人民共和国安全生产法》规定："生产经营单位对重大危险源应当登记建档，进行定期检测、评估、监控，并制订应急预案，告之从业人员和相关人员在紧急情况下应当采取的应急措施。"

要做好对重大危险源的控制工作，首先要进行重大危险源的风险评估。要进行合理正确的风险评估，要先明白何为重大危险源，常见的重大危险源有哪些呢？

1.重大危险源分类

所谓"重大危险源"，是指长期地或者临时地生产、搬运、使用或者储存危险物品，且危险物品的数量等于或者超过临界量的单元（包括场所或设施）。根据《生产过程危险和有害因素分类与代码》的规定，生产过程中的风险主要分为以下五类（表8-4）。

表8-4　危险源的分类和具体内容

危险源分类	具体内容
物理性危险	包括设备、设施缺陷、防护缺陷、电危害、噪声危害、震动危害、电磁辐射、运动物危害、明火风险、能造成灼伤的高温物质、能造成冻伤的低温物质、粉尘与气溶胶、作业环境不良、信号缺陷、标志缺陷和其他物理性危险和有害因素
化学性危险	包括易燃易爆性物质、自燃性物质、有毒物质、腐蚀性物质及其他化学性危险和有害因素
生物性危险	包括致病微生物（细菌、病毒、其他致病性微生物等）、传染病媒介物、致害动物、致害植物及其他生物危险和有害因素
心理生理性危险	包括负荷超限、健康状况异常、从事禁忌作业、心理异常、辨识功能缺陷及其他心理、生理性危险和有害因素
行为性危险	包括指挥错误、操作错误、监护错误及其他行为性危险和有害因素

2.识别几种常见危险源

生产企业最常见的危险源有以下七类，这也是重大事故隐患容易突发的环节，在生产过程中应对之加以识别，并采取有效的措施进行防范，以避免发生重大的安全事故（表8-5）。

表 8-5　几种常见危险源

常见危险源名称	具体内容
物体打击	包括路基边坡作业面的滚石或其他物件；高空作业时的坠落物；爆破作业叶的飞石、崩块以及锤击等可能发生的砸伤、碰伤等伤害事件
机械伤害	机械设备在作业过程中，由于操作人员违章驾驶或机械故障未能及时清除，以致发生绞、压、碾、碰、轧、挤等事故
触电伤害	施工现场用电不规范，如乱拉乱接或没有对电闸刀、接线盒、电动机及其传输系统等采取可靠的防护造成的事故
火灾和爆炸	一般是易燃、易爆及危险品不按严格的规章制度搬运、使用和保管时易发生安全事故
坍塌事故	支撑不到位、堆弃物位置不当或边坡失稳、隧道掘进方法不对或围岩突然发生变化而未相应改变施工方法等造成的塌方
起重伤害	在吊装作业中，由于起重设备使用不当、支撑不稳或连接物强度不够以及人为的操作失误、指挥不当等造成的伤害
特种作业事故	特种设备不能满足特种作业需求或特种作业人员未经培训、培训未合格无证上岗，缺乏所需的安全技术而产生的事故

3. 风险评估的方法

风险，是指特定危险事件发生的可能性与后果的结合。一个危险源会给组织带来多大的风险，一方面取决于这一危险源导致事故发生的难易程度；另一方面还取决于事故发生后带来的人员伤亡数字和财产损失。对风险进行评估时，要注意对照"危险源调查评估指标"，利用调查表进行数据采集，利用层次分析法科学计算危险源各指标的相关数值，同时综合打分计算其风险程度，定量评估危险源的风险。在评估单个危险源的风险时，主要应考虑人员风险、财产风险和事故发生率三个方面。

在分析评估风险时，常用的评价方法主要有以下三种（表 8-6）。

表 8-6 风险评价的方法

方法	具体的方法名称	具体内容
定性法	安全检查表	将一系列项目列成检查表，用数据反馈危险源的危险程度
	事故树分析法	将可能引发事故的原因绘制成事故树进行分析的方法
	可操作性研究法	也称为安全操作研究，是以系统工程为基础的危险分析方法
	预先危险性分析法	又称初步危险分析，是系统进行的第一次危险分析
指数法	英国的蒙德评价法	采用蒙德(Mond)毒性指标评价法对该项目职业病危害及拟采取的防护措施进行评价
	日本的六阶段评价法	综合应用安全检查表、定量危险性评价、事故信息评价、故障树分析以及事故树分析等方法，分成六个阶段采取逐步深入
	美国的DOW化学法	是美国DOW化学公司提出的一种针对化工单元的具体评价方法
	我国的危险程度分级法	是以生产、储存过程中的物质、物量为基础，根据工艺、设备、厂房、安全装置、环境、工厂安全管理的系数得出工厂的实际危险等级
软件法	模型软件	通过ArcGISEgine组件和Visual C+6.0实现事故后果在二维GIS中的直观表现
	综合危险定量分析软件	通过阐述及具体评价发生事故的条件和需要的时间，说明和计算方法
	风险辨识软件	结合常用办公软件，根据风险的基数，计算危险程度
	危险发生频率分析软件	通过分析危险发生的频率来计算风险

　　还有一种很常用的分析法叫作快速评价法。此种评价法是为了使安全管理部门对重大危险源进行更有效的宏观分级管理，而对中毒、易燃、易爆重大危险源进行评价的方法。

由于重大危险源是客观存在的，所以在使用快速评价法时，对事故发生的可能性不予考虑，只考虑事故后果的严重程度，把它作为重大危险源风险的量度。

使用快速评价法，要严格遵守最严重事故后果原则，即在一种危险源有多种事故发生形态，而且其事故的后果相差悬殊的情况下，要以最严重后果的事故形态为准，如果事故后果相差不大，则以统计平均原理来估计总的事故后果。

◎ 怎么进行重大危险源的控制

（一）工程控制

显而易见，因为简便易行，快速评价法是风险评估中绝大多数管理者的常用方法。有些管理者认为，危险性辨识不难，只需凭经验快速评价就行，事实上并非如此。因为危险因素是一个变量，它以动态的方式存在，而非静止状态，具有一定的潜伏性和很强的突发性。所以，强化企业对危险的管理、控制能力，是企业健康、稳定生产的前提条件。

加强对危险的管理，其根本方法就是系统地研究、探索危险发生、发展的规律，在认识、掌握规律的基础上，实现对危险的管理，使事后应急变成事前控制。如果没有系统地评价危险，就可能出现危险分析不到位、漏项、评价不准确等问题，最终导致采取措施不当，难以达到预防控制事故的目的。

根据能量意外释放理论，把生产过程中存在的、可能发生意外释放的能量或危险物质称作第一类危害。这类危险常见的如使人体或物体具有较高势能的装置、设备、场所；各种有毒、有害、易燃易爆物质等。运用工程控制的理论可以做到对这类危险的系统控制。

1. 工程控制论的内容

工程控制论原来只是被用来对军备工程起到控制，后来被广泛运用到工业界，其理论的成熟以我国科学家钱学森的《工程控制论》书的出版为代表。工程控制论的主要研究内容包括：控制系统分析的基本方法、线性系统参数设计、协调控制、最优控制理论、离散控制系统、分布参数控制系统、随机输入作用下的控制系统、自寻最优点的控制系统和逻辑控制与有限自动机等。

从能量流动的角度来分析生产过程，不难发现，生产场所和作业活动基本就是个能量及其能量载体构筑的世界。能量在生产场所存在或表现的形式主要有：机械能、热能、电能、化学能、原子能、辐射能、生物能等。

事实上，大多数事故都是能量转换的结果。如2010年7月大连新港中石油输油管管道爆炸，就是因为当时在油轮已经卸完油以后，陆地上的操作人员还在继续往油管里加添加剂，致使添加剂引起了明火，造成能量转换，导致一个900毫米的输油管发生大火，大火顺着输油管直接通到了103号油罐，再次造成能量转换，引发爆炸。

所以，了解生产作业场所和活动中的能量形式，掌握其运行规律，分析其可能发生的能量横流及转换规律，是预先进行危险性分析、危险性辨识的基础和前提。

2. 工程控制论的应用

工程控制在安全管理系统中的运用，其本质是辨识组织存在的危险源，控制其危险性，避免安全生产事故的发生。它有三个基本的危险控制程序，分别是闭环危险控制程序、开—闭环连锁危险控制程序和开环危险控制程序。其中，在对能量类危险源的意外释放进行控制上，一般运用开—闭环连锁危险控制程序。

开—闭环连锁危险控制程序的作用是对将来时状态的第一类危险源的意外释放进行控制。它的控制步骤主要有如下内容。

（1）分析能量和危险物质。潜在事故系统把产生事故的潜在原因分为两类危险源，共六个要素，能量和危险物质、人的不安全行为、物的不安全状态、环境的不良因素、安全信息的缺陷和安全管理的缺陷。其中能量和危险物质属第一类危险源，它的意外释放是造成人员伤害和财产损失的直接原因；其他五个要素属第二类危险源，它们是导致约束能量和危险物质的屏障失效或者破坏的直接原因。

运用工程控制学中的模型抽象法，可以精细地描述能量和危险物质的静态和动态特性，集中地和准确地定量反映受控系统的本质特征，使管理人员能清楚地看到控制变量与系统状态之间的关系，以及如何才能使系统的参数达到预期的变量状态，并且保持系统稳定可靠地运行。

（2）制订应急预案。应急预案是针对潜在事故系统制订的，它由抢险预案和技术准备预案组成。抢险预案包括事故模型预案和技术准备预案。事故模型预案是建立可预见的未来可能会发生的事故模型，根据模型预先准备届时应采取的具体抢险措施，预先配备的抢险器材和工具等。技术准备预案是对潜在事故系统所涉及的全面的安全技术知识的准备。

事故模型预案是对可预见事故的准备，而技术准备预案是为抢险预案的变数作准备，以灵活机动地应对预见之外的事故情况。两种预案缺一不可。

潜在事故系统是动态系统，应急预案应是动态的方案，要持续地进行改进，和事故的动态保持一致，始终体现最佳的响应状态。

（3）应急预案的演练、改进和响应。所谓最佳响应状态，就是实际的响应状态更接近未来的事故模型。最佳响应状态通过开一闭环连锁危险控制程序连续不断的运行来实现，其中包括闭环运行和开环运行及其二者的连锁效应。

闭环运行也称作被动控制，它是通过演练暴露问题后进行纠偏的控制方式，它由输入、预案演练、输出、发现偏离、分析原因和纠正措施六个环节组成。开环运行也称作主动控制，它是预先分析问题存在的可能性，不仅在应急预案中寻找问题，还要在外部环境寻找相关改进信息，最大限度地消除现状中对响应状态的影响，使预案的实际响应状态更接近未来的事故模型。这种先期控制的运行方式由调查研究、风险分析、改进方案和纠正措施四个环节组成。开一闭环连锁危险控制程序中的闭环运行和开环运行不是截然分开的，而是连锁进行的，并由此产生连锁效应。

开一闭环连锁危险控制程序把一切有关安全的指令性的社会化活动都看作是环境资源，强调建立与国内外安全机构的信息通道，及时接受最新技术，并借鉴国内外同行的事故教训，以此对自身体系进行对照研究和风险分析，制订改进方案，实施安全技术改造项目，以完善应急预案。

开一闭环连锁危险控制程序将被动控制与主动控制相结合，既有定期演练又有超前研究，这样才能使应急预案持续保持最佳响应状态，是最有效的事故控制方法之一。在科学技术发展突飞猛进的今天，人们迫切需要用最短的时间、投入最少的人力和物力，创造最大的利润。为此，仅仅依靠某种特定的技术和某个学科的知识，以及少数人的组织管理技能和经验，是远远不够的。要采用各个学科的最新成果，必须综合地、定量地、科学地加以处理，使人们有可能从经验决策上升到科学决策。

（二）管理控制

在安全管理六要素中，人的不安全行为、物的不安全状态、环境的不良因素、安全信息的缺陷和安全管理的缺陷这五个要素属第二类危险源，它们是导致约束、限制能量措施失效或被破坏的各种不安全因素。规避诸多不安全因素的唯一办法就是，建立良好的安全文化，实行全方位的安全管理。

在对重大危险源进行辨识和评价后，应对每一个重大危险源制定出一套严格的安全管理制度，通过技术措施、组织措施对重大危险源进行严格控制和管理。

（1）制订重大危险源控制目标和管理方案。针对所确定的重大危险源，企业必须制订重大危险源控制目标和管理方案，做到危险源管理有理有据、有规可循、有法可依。对每一项重大危险源都要有控制措施，包括控制目标、控制措施、管理方案等，最后应落实实施部门、检查部门，以及完成时间。比如某企业对大型设备的拆装作业的管理细则见表8-7。

表8-7　某企业对大型设备的拆装管理细则

项目	内容
重大危险源	大型设备的拆装违章指挥、违章作业
控制目标	确保无伤亡事故、无设备事故
控制措施	①制订拆、装管理方案，明确目标和方法 ②执行管理程序或制度、培训与教育、应急预案 ③加强现场人员操作的监督检查
管理方案	①选择有口碑的专业公司进行安装、拆除、加节 ②编制安装、拆除、加节、移位等专项措施，由技术负责人审批 ③装、拆前须对操作工进行安全教育及安全技术交底 ④装、拆过程指派经过培训的人员进行监控，并设置警戒区 ⑤自检后，必须由法定检测机构进行检测，合格方能交付使用

（2）完善重大危险源应急救援预案。为每项重大危险源制订相应的现场应急救援预案，落实应急救援预案的各项措施，配备必要的救援器材、装备，并且定期检验和评估应急救援预案和程序的有效程度，即定期进行演练，至少每年进行一次事故应急救援演练。

重大危险源应急救援预案应当包括以下内容。

①企业危险源基本情况及周边环境概况。

②应急机构和人员的相关职责。

③危险源辨识与评价的方法与工具。

④应急设备设施的使用方式。

⑤应急能力与资源评价。

⑥应急响应、报警、通信联络方式。

⑦事故应急程序与行动方案。

⑧事故后的恢复程序。

⑨应急预案的培训与演练。

还需要注意的是，必须按照分级报告的原则，将重大危险源应急救援预案，报送当地人民政府和安监局备案。

（3）加强现场对危险源的监督检查。重大危险源的风险控制关键在于落实，在施工过程中，应确保按制订的措施、控制目标和管理方案，严格控制重大危险源，有效地遏制各类事故发生，建立良好的安全生产环境。可以从以下方面来加强对危险源的监督和检查。

首先，公布重大危险源的名单，名单包括数量和分布情况，以及整改措施等。对重大危险源的治理情况也应及时跟进并公布结果。

其次，制定并严格执行施工现场重大危险源的检验检测制度，落实现场安全承诺和安全管理绩效考评制度。

再次，确保安全投入，及时淘汰落后的技术和工艺，持续改善施工安全技术与安全管理水平，降低施工安全风险，形成施工安全长效机制。

另外，还要注意适度提高工程施工安全设防标准，在现场对重大危险源设置明显的安全警示标志，并加强对重大危险源的监控和有关设备、设施的安全管理。

同时，加强对作业人员的施工安全培训教育，尤其是重大危险源的风险控制教育，把事故预防放在第一位，将重大危险源可能引发的事故及其危害后果、应急措施等信息告知周边单位和人员，以做到重大危险源管理"全体动员，人人参与"。

（三）个人防护控制

生产过程中随时存在着各种危险和有害因素，它们会伤害生产者的身体甚至危及生命。必须根据生产的特点，针对需要防护的危险、危害因素和作业类别，为生产者配备必须穿戴的个人防护用品，以保护大家免受由于接触化学辐射、电动设备、人力设备、机械设备所带来的伤害，或在一些危险工作场所而引起的严重的工伤或疾病。

1. 个人防护用品的主要内容

（1）个人防护用品一般包括以下系列（表8-8）。

表8-8 个人防护用品分类和具体内容

个人防护分类	个人防护用品
头部防护系列	普通工作帽、防尘帽、防水帽、防寒帽、安全帽、防静电帽、防高温帽、防电磁辐射帽、防昆虫帽、护目镜、面罩
听力防护系列	耳塞、耳罩、防噪声头盔
手部防护系列	普通防护手套、防水手套、防寒手套、防毒手套、防静电手套、防高温手套、防X射线手套、防酸碱手套、防油手套、防震手套、防切割手套、绝缘手套
足部防护系列	防尘鞋、防水鞋、防寒鞋、防冲击鞋、防静电鞋、防高温鞋、防酸碱鞋、防油鞋、防烫脚鞋、防滑鞋、防穿刺鞋、电绝缘鞋、防震鞋
呼吸防护系列	活性炭口罩、动力呼吸保护器、防毒面具
高空作业防护系列	安全带、安全网
身体防护系列	阻燃防护服、防寒服、防水服、防尘服

（2）工厂常见作业必须配备的安全个人防护措施（表8-9）。

表8-9 工厂常见作业安全个人防护用品配备标准

作业类型	安全个人防护用品
一般装配作业	工作服、安全帽、安全鞋
打磨作业	工作服、安全帽、安全鞋、防护镜
噪声作业	当机器设备噪声达到80分贝，需佩戴耳塞或耳罩
喷漆作业	呼吸面罩、防化服、防化手套、防护镜、安全鞋
高空作业	工作服、安全帽、防滑鞋、安全带
搬运作业	工作服、安全帽、防护手套

其他作业，应由安全主任对作业风险进行评估后，再配备相应的个人防护

装备。

2. 个人防护用品管理要点

对个人防护用品的管理主要有以下步骤。

（1）选择和购买。管理者在评估各工序和危险后，确定需要使用的防护用品，针对防护要求，正确选择性能符合要求的用品。企业管理层必须为员工配备其从事的岗位所需的个人防护用品，绝不能选错或将就使用，比如不能以过滤式呼吸防护器代替隔离式呼吸防护器，以防止发生事故。

（2）培训与教育。企业应利用各种途径，如培训班、宣传册、车间板报和标语等，对使用 PPE 者加强教育，使其充分了解使用的目的和意义，反复训练，熟练掌握使用方法。

（3）监督和学习使用防护用具。各部门应指导监督员工使用个人防护用品。对于结构和使用方法较为复杂的用品，应该让员工先认真阅读使用说明书，牢牢记住正确的使用方法，再反复进行训练，使员工能迅速正确地戴上、卸下和使用，并逐渐习惯于防护用品的使用。

（4）保养和检查。使用防护用品要小心仔细，避免损坏。使用防护用具前，必须严格检查；用完后，为了下一次使用方便，要进行保养；然后放在规定的存放处，便于下次取用。检查时，对于发现损坏或磨损严重的必须及时更换。用于紧急救灾时的呼吸防护器，更要定期严格检查，妥善地存放，便于及时取用。

◎重大危险源监控有何管理要点

（1）重大危险源现场应设立安全警示标志，写明紧急情况下的应急处置办法，并对重大危险源实施 24h 实时有效监控。

（2）对于储罐区（储罐）、库区（库）、生产场所三类重大危险源，因监控对象不同，所需要的安全监控预警参数也有所不同。主要可分为以下几项。

①储罐以及生产装置内的温度、压力、液位、流量、阀位等可能直接引发安全事故的关键工艺参数。

②当易燃易爆及有毒物质为气态、液态或气液两相时，应监测现场的可燃有毒气体浓度。

③气温、湿度、风速、风向等环境参数。

④音视频信号和人员出入情况。

⑤明火和烟气。

⑥避雷针、防静电装置的接地电阻以及供电状况。

（3）罐区监测预警项目一般包括罐内介质的液位、温度、压力，罐区内可燃有毒气体浓度，明火、环境参数以及音视频信号和其他危险因素等。

（4）库区（库）监测预警项目一般包括库区室内的温度、湿度、烟气以及室内外的可燃有毒气体浓度、明火、音视频信号以及人员出入情况和其他危险因素等。

（5）生产场所监测预警项目一般包括温度、压力、液位、阀位、流量以及可燃有毒气体浓度、明火和音视频信号和其他危险因素等。

（6）重大危险源（储罐区、库区和生产场所）必须设有独立的安全监控预警系统，安全监控预警参数的现场探测仪器的数据必须直接接入系统控制器中，控制器应设置在有人值班的房间或安全场所。

（7）重大危险源应配备温度、压力、液位、流量、组分等信息的不间断采集和监测系统以及可燃气体和有毒有害气体泄漏检测报警装置，并具备信息远传、连续记录、事故预警、信息存储等功能；一级或者二级重大危险源具备紧急停车功能。

（8）对重大危险源中的毒性气体、剧毒液体和易燃气体等重点设施，应设置紧急切断装置；毒性气体的设施，应设置泄漏物紧急处置装置。

（9）重大危险源中储存剧毒物质的场所或者设施，应设置视频监控系统。

（10）对存在吸入性有毒、有害气体的重大危险源，危险化学品单位应当配备便携式浓度检测设备、空气呼吸器、化学防护服、堵漏器材等应急器材和设备；涉及剧毒气体的重大危险源，还应当配备两套以上（含两套）气密型化学防护服；涉及易燃易爆气体或者易燃液体蒸气的重大危险源，还应当配备一定数量的便携式可燃气体检测设备。

（11）可燃气体和有毒气体释放源同时存在的场所，应同时设置可燃气体和有毒气体监测报警仪。

（12）可燃的有毒气体释放源存在的场所，可只设置有毒气体监测报警仪。

（13）可燃气体和有毒气体混合释放的场所，一旦释放，当空气中可燃气体浓度可能达到25%LEL，而有毒气体不能达到最高容许浓度时，应设置可燃气体监测报警仪；如果一旦释放，当空气中有毒气体可能达到最高容许值，而可燃气体浓度不能达到 25%LEL 时，应设置有毒气体监测报警仪。

（14）配备检漏、防漏和堵漏装备和工具器材，泄漏报警时可及时控制泄漏。

（15）针对罐区物料的种类和性质配备相应的个体防护用品，泄漏时用于应急防护。

（16）罐区应设置物料的应急排放设备和场所，以备急用。

（17）储罐着火后，由于高温和有毒等不易靠近灭火的罐区、罐组，应设置远程灭火系统，灭火介质应依危险物料性质而定。

（18）在储罐着火后会引起相邻的储罐受高温辐射影响而产生次生灾害的罐区，应设置远程水喷淋控制系统，并要求水源充足，能及时快捷喷淋降温。

（19）摄像视频监控报警系统应可实现与危险参数监控报警的联动。有防爆要求的应使用防爆摄像机或采取防爆措施。摄像头的安装高度应确保可以有效监控到储罐顶部。

第九章

安全生产应急管理

一、安全生产应急预案编制与演练

◎ 安全生产应急预案的编制

应急救援预案的编制流程如图 9-1 所示。

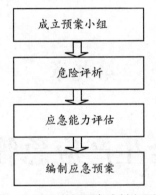

图9-1　应急救援预案编制流程图

1.成立预案编制小组

应积极寻求与危险直接相关的各方进行合作来编制应急预案，确保应急预案的准确性和完整性实施。

企业应急预案编制小组成员包括：企业负责人、安全管理人员。

编制小组的成员确定后，必须确定小组领导，明确编制计划，保证整个预案编制工作的组织实施。

2.危险评析

应急预案编制过程的基础和关键是危险评析。危险评析包括危险识别、脆弱性评析和风险评析。

（1）危险识别。

①危险化学品工厂（尤其是重大危险源）的位置和运输路线。

②伴随危险化学品的泄漏而最有可能发生的危险（如火灾、爆炸和中毒等）。

③城市内或经过城市进行运输的危险化学品的类型和数量。

④重大火灾隐患的情况，如地铁、大型商场等人口密集场所。

⑤其他可能的重大事故隐患，如大坝、桥梁等。

⑥可能的自然灾害，以及地理、气象等自然环境的变化和异常情况。

（2）脆弱性评析。脆弱性分析要确定的是：一旦发生危险事故，城市的哪些地方容易受到破坏或损害。

①受事故或灾害影响严重的区域，以及该区域的影响因素（如地形、交通、风向等）。

②预计位于脆弱带中的人口数量和类型（如居民、职员、敏感人群、医院、学校、疗养院、托儿所等）。

③可能遭受的财产破坏，包括基础设施（如水、食物、电、医疗等）和运输线路。

④可能的环境影响。

（3）风险评析。

①发生事故和环境异常（如洪涝）的可能性，或同时发生多种紧急事故或灾害的可能性。

②对人造成的伤害类型（急性、延时或慢性的）和相关的高危人群。

③对财产造成的破坏类型（暂时、可修复或永久的）。

④对环境造成的破坏类型（可恢复或永久的）。

要做到准确分析事故发生的可能性是不太现实的。主要是要在充分利用现有数据和技术的基础上进行合理的评估。

3.应急能力评估

应当在评价与潜在危险相适应的应急资源和能力的基础上制订应急预案，同时选择最现实、最有效的应急策略。

（1）应急资源评估。有应急人员、应急设施（备）、装备和物资的评估等。

（2）应急能力评估。有人员的技术、经验和接受的培训的评估等。

4.编制应急预案的原则

（1）应急预案的编制必须基于城市重大事故风险的分析结果、城市应急资源的需求和现状以及有关法律法规的要求。

（2）应急预案编制时避免各项工作的繁杂与重复，并确保与其他相关应急预案的协调和一致。

（3）在设计应急预案编制格式时，应急救援预案编制小组则应考虑以下情况。

①合理组织。应合理地组织预案的章节，以便使用者快速地找到各自所需要的信息，避免从繁杂无用的信息中查找所需要的信息。

②连续性。保证应急预案各个章节及其组成部分，在内容上的相互衔接，避免内容出现明显的位置不当。

③一致性。保证应急预案的每个部分都采用相似的逻辑结构来组织内容。

④兼容性。应急预案的格式应尽量采取与上级机构一致的格式，以便各级应急预案能更好地协调和对应。

◎ 安全生产应急预案的管理

应急管理是一个动态的过程，包括预防、准备、响应和恢复四个阶段。

1. 预防

通过安全管理和安全技术手段，尽可能地防止事故发生，确保本质安全；在假定事故必然发生的前提下，通过采取事先制订好的预防措施，从而降低或减缓事故的影响或后果的严重程度。

2. 准备

预先做好各种准备来应对可能发生的事故，包括应急体系的设立、有关部门和人员职责的落实、预案的编制、应急队伍的建设、应急设备和物资的准备与维护、预案的演练、与外部应急力量的衔接等，保持重大事故应急救援所需的应急能力。

3. 响应

应急响应包括在事故发生后采取事故的报警与通报，人员的紧急疏散，急救与医疗，消防和工程抢险，信息收集与应急决策和外部救援等一系列措施，尽可能地抢救受害人员，保护可能受威胁的人群，并尽可能控制以及消除事故。

4. 恢复

事故发生后应立即进行恢复工作。短期恢复中应注意避免出现新的紧急情况，长期恢复包括厂区重建和受影响区域的重新规划和发展。

◎ 安全生产应急演练的实施

1. 演练动员

演练动员是为了确保在演练前夕所有演练参与人员了解演练现场规则、演练情景和演练计划中与各自工作相关的内容。必要时可分别召开控制人员、评估人员、演练人员的情况介绍会，演练模拟人员和观摩人员一般参加控制人员情况介绍会。

（1）控制人员情况介绍会。控制人员情况介绍会主要是根据演练方案讲解下述事项：演练情景的所有内容与要求；控制人员之间的通信联系，有关演练工作的行政与后勤管理措施；演练现场规则及有关演练安全及安保工作的详细要求；有关情景事件中复杂和敏感部分的控制细节。

（2）评估人员情况介绍会。评估人员情况介绍会主要是根据演练方案讲解下述事项：演练情景的所有内容，包括响应人员的预期行动，场外应急响应活动的指导思想与原则，演练目标、评估准则、演练范围及演练协议，演练现场规则及有关演练安全及安保工作的详细要求，评估组组成，各评估人员的工作岗位、任务及其详细要求，评估人员承担某项评估任务所要求的特殊约定，场外应急预案及执行程序的新规定或要求，评估方法，评估人员应提交的文字资料及提交时间，演练总结阶段评估人员应参与的会议。

（3）演练人员情况介绍会。演练人员情况介绍会是根据演练方案讲解演练人员演练前应当知道的信息，一般包括下述事项：演练现场规则，有关演练安全及安保工作的详细要求、目标、范围，批准的模拟行动，以及参与人员的识别方式。

2. 演练开始

首先，所有演练参与人员应按照各自的职责各就其位。其次，由演练主持人根据现有的演示材料和演练的情景，把演练人员带入虚构的场景，主持人提问开始进行演练。

3. 演练执行

演练实施的重点在于对演练过程的控制。演练过程中，策划小组或导演分队负责人的作用主要是宣布演练开始和结束，以及解决演练过程中的矛盾。控制人员的作用主要是向演练人员传递控制消息，提醒演练人员采取必要行动以正确展示所有演练目标。

（1）桌面演练的执行。演练主持人一般以口头或书面信息的形式，一次引入一个或若干个问题。演练人员根据应急预案或有关规定，讨论针对要处理的问题所应采取的行动。行动可以是口头叙述，也可以是在图上标注，或者是使用道具模拟。

桌面演练的实施方式常以指定发言为主、自由讨论为辅，发言的顺序应根据区域应急救援系统的组织架构从高层指挥官员到基层操作人员，由上至下进行，确保演练现场有序进行。

桌面演练的现场最少配备两名记录人员，详细记录参演人员的发言内容，以利于演练后的评估。

（2）功能演练与综合演练的执行。其现场演练执行要点有：总指挥根据情况及时决策，要对演练全过程进行控制；现场指挥服从和传达上级指挥人员的指令，调动、指挥参演人员行动，对现场演练进行控制；控制人员传递控制消息，引导演练进行，对现场演练进行控制；同时辅以演练解说，还须做好文字、图片和声像等演练记录，并且要注重演练的宣传报道。

现场演练按照事前是否先通知演练单位和人员，可分为"预知"型演练与"非预知"型演练。

①"预知"型演练。其是指在演练正式开始前，演练的策划组已将演练的具体安排告知参演的应急组织。采用"预知"型演练方式的优点是使演练人员事前有了心理准备，避免不必要的恐慌，有助于演练人员在演练中的稳定发挥，充分展示他们本身具备的应急技能水平。

②"非预知"型演练。"非预知"型的综合演练活动具体的操作程序是：演练总指挥按照应急救援预案启动正式的报警程序，即标志着演练正式开始；然后演练模拟人员启动事故情景，应急中心通知各应急组织到指定的现场进行事故处理。在事先不知道是演练的情况下，各应急组织接到通知后迅速组织人员做出响应，奔赴现场抢险。只有在应急组织到达现场后，演练总指挥才告知这是一次演练并介绍演练的基本情况，然后再根据演练方案完成余下的演练内容。

"非预知"型演练侧重于检验应急救援系统的报警程序和紧急情况下信息的传递效率，要求应急救援系统机制健全，各应急组织平时训练有素，能够应付突发的紧急情况。

当所有演练项目完成以后，控制人员应向演练总指挥报告，由演练总指挥宣布应急演练正式结束。此时所有演练活动应立即停止，控制人员按计划清点人数，检查装备器材，查明有无受伤人员，若有则迅速进行处理。最后，演练控制人员将组织专员清理演练现场，尽快撤出各类演练器材，确保演练现场的绝对安全。

4.演练终止

（1）正常终止。演练实施完毕，由总指挥宣布演练结束，并进行现场讲评。

（2）非正常终止。除正常终止外，若出现下列情况，总指挥也可以决定并宣布演练终止：发生突发公共事件并影响演练继续进行时，总指挥可宣布终止演练；出现特殊或意外情况，短时间内不能妥善处理或解决时，总指挥可决定并宣布本次演练终止。

二、事故现场应急处置

◎ 事故现场应急处置应遵循哪些原则

1.以人为本，减轻危害

处理突发事件时，我们要始终坚持把人员的生命和健康放在首位，始终坚持"先救人，后救物"的原则，确保人员的生命健康、保障人员的基本生存条件。

突发事件具有不确定性和不稳定性。在应急救援过程中，必须高度关注和重视应急救援人员的人身安全，有效地保护应急响应者，防止次生、衍生事故的发生。

2.统一领导，分级负责

突发事件应急处置工作具有跨越性，需要多个部门的资源协调配合。尤其是在突发事件现场处置的过程中，更体现了这种资源调动的重要意义。因而必须形成一种高度集中、统一领导和指挥的应急管理系统，实现可用资源的有效整合，避免各自为战的局面，确保政令的畅通。

3.快速反应，属地处置

突发事件具有突发性、不确定性，任何时间上的延误都会加大事故后果程度和工作的难度。因此，在应急处置过程中必须坚持做到快速反应，及时到达现场、控制事态、减少损失，高效快速地救助受害人，并为尽快地恢复正常的工作创造条件。

不论发生哪一级的突发事件，属地应急救援人员都要在第一时间赶到现场，及时展开先期的应急处置工作，以防止突发事件的恶化，尽可能地减少突发事件给人员造成的损失。

4.协调救助，疏散人员

事故发生后会产生数量和范围不确定的受害者。受害者的范围不仅包括事故中的直接受害人，甚至还包括直接受害人的亲属、朋友以及周边其他利益相关的人员。事故应急处置的部门和人员在进行现场控制的同时应立即展开对受害者的救助，及时抢救护送危重伤员、救援受困群众、妥善安置死亡人员、安抚在精神与心理上受到严重冲击的受害人。

5.依靠科学，专业处置

在突发事件应急处置过程中，要充分利用专业人员的专业装备工具、专业知识、专业能力，实现突发事件的科学专业处置。要在科学的基础上，采用专业的处置方法，特殊情况下可采用特殊的处置方法做到因地制宜、合理处置。

◎ 火灾事故现场如何应急处置

1.及时扑救火灾

火灾初起阶段火势较弱，范围较小，若能及时采取有效办法及时控制火势，就能迅速将火扑灭。据统计，70%以上的火警都是在场人员扑灭的。如果不及时扑灭，后果不堪设想，对于远离消防部门的地区首先应强调群众自救，力争将火灾消灭在萌芽状态。

（1）冷却灭火。

①在单位要掌握正确的操作方法，利用灭火器、消防给水系统灭火。

②若无消防器材、设施，则用桶、盆等取水灭火。

③在家庭或机关，可就地取水灭火，如用自来水和盆缸存水浇火，使火场迅速冷却熄灭。如果水少，估计不足以灭火时，可将有限的水洒在火点四周，淋湿周围的可燃物，控制火势，赢得再取水灭火的时机。

（2）窒息灭火。

①利用设备本身的顶盖，如船舱的舱盖，油罐、油桶的顶盖等。

②室内着火，用棉被、毯子、棉大衣等覆盖，水浸湿后覆盖效果更好。

③室外可用浸湿的麻袋、沙土覆盖，对忌水物质必须用沙土扑救。

④利用泡沫灭火器喷射燃烧物。

（3）扑打灭火。对固体可燃物、小片草地、灌木等小火用衣服、树枝、扫帚等扑打。但对容易飘浮的絮状物不宜采用扑打法。

（4）阻断可燃物灭火。

①关闭可燃气体和液体的阀门。

②采用泥土、黄沙筑堤，阻止流淌的可燃液体流向燃烧点。

③移走周围的可燃物。

（5）切断电源灭火。

①电器引起的火灾或火焰威胁到电线，都要立即断电。

②首先切断电源，再用水、泡沫灭火器。

③阻止火势蔓延灭火。

关闭门窗，减少新鲜空气的流入，也要设法防止火势的火点向周围蔓延，例如，淋湿或移走周围的可燃物。

（6）防止爆炸。

①有爆炸危险的容器要快速冷却降温。

②易燃、易爆物资，要迅速转移远离火场。

③有手动放泄压装置的立即打开阀门泄压。

2. 火速报警

火灾初起，一方面积极扑救，另一方面火速报警。

（1）报警对象。

①召集周围人员前来扑救，动员一切可以动员的力量。

②本单位消防与保卫部门，迅速组织灭火。

③公安消防队，报告火警电话是 119。

④发出警报，组织人员疏散。

（2）报警方法。

①本单位报警利用呼喊、警铃等平时约定的手段。

②利用广播。

③电话、手机。

④距离较近的可直接派人到消防队报警。

⑤向消防部门报警。火灾发生后，必须得报警。

3. 火灾救治工作重点

（1）迅速移出伤员。应使伤员立即离开烟雾环境，置于安静通风凉爽处，解开衣领、裤带，适当保温。

（2）迅速抢救生命。对呼吸停止者实行人工呼吸，给予吸入高浓度氧气，对中毒患者，采取相关的急救措施。

（3）判断是否存在吸入烧伤。判断是否存在吸入烧伤至关重要，可通过以下方面判定。

①面部、颈部、胸部周围的烧伤。

②鼻毛烧焦。

③口鼻周围的烟尘痕迹。

④由火引起的头发内的化学物质。

（4）保护创面。创面要用清洁的被单或衣服简单包扎，尽量不弄破水疱，保护表皮。严重烧伤者不需要涂抹任何药粉、药水和药膏，以免给入院后的诊治造成困难，影响诊疗效果。

（5）运送伤员。

运送伤员是将伤员经过现场初步处理后送到医疗技术条件较好的医院的过程。搬运伤员时合适的搬运方法和搬运工具。对于转运路途较远的伤员，需要寻找合适的轻便且震动较小的交通工具。途中应严密观察病情变化，必要时做急救处理。伤员送到医院后，陪送人应向医务人员交代病情，介绍急救处理经过，以便入院后的进一步处理。

4. 火灾现场急救注意事项

（1）当火场发生紧急情况，救援人员和车辆应处于安全地带。

（2）采取工艺灭火措施灭火时，要在失火单位的工程技术人员的配合指导下进行。

（3）火场内如有带电设备应采取切断电源和预防触电的措施。

（4）火场救援时必须清点本单位人数和器材装备，如发现参加灭火人员缺少时，及时查明情况，并采取相应的措施。

（5）在使用救护车运送火灾伤员时，应密切注意伤员伤情，要进行途中医疗监测和不间断的治疗。注意伤员的脉搏、呼吸和血压的变化，对重伤员需要补液治疗，路途较长时需要留置导尿管。

（6）用冷自来水冲洗伤肢冷却伤处。

（7）不要刺破水疱，伤处不要涂药膏，不要粘贴受伤皮肤。

（8）衣服着火时站立或奔跑呼叫，以防止增加头面部烧伤或吸入损害。

（9）迅速逃离通风不良的现场，以免发生吸入损伤和窒息。

（10）用身边不易燃的材料或阻燃材料，迅速覆盖着火处，使与之隔绝。

（11）凝固汽油弹爆炸、油点下落时，应迅速躲避或利用衣物等将身体及裸露部位遮盖，等待油点落尽后，将着火的衣服迅速解脱、抛弃，并迅速离开现场，不可用手扑打火焰以免手烧伤。头面部烧伤时，应首先注意眼睛，尤其是角膜有无损伤，要先予以冲洗。

◎中毒事故现场如何应急处置

各种原因、不同有毒有害物质造成众多人员急性中毒及其他较大社会危害时，为及时控制危害源、抢救受毒害人员、指导群众防护和组织撤离、消除危害后果而组织的救援活动叫突发中毒事故的应急救援。

就医疗卫生方面而言，"救援"指的是现场急救，使患者迅速而安全脱离事故发生地，并及时送往就近医院救治，同时对受污染的空气等快速检测，迅速查明中毒原因，处理被污染的水源、空气及食品等，尽可能控制危害的范围，减轻危害程度。

突发中毒事故具有突发性、群体性、隐匿性、快速性和高度致命性的特点，在瞬间即可能出现大批中毒伤员。对此快速的应急处置与正确的医学救援十分重要。对突发中毒事故的应急处置与医学救援简称"毒救"或"中毒应急"。是突发中毒事故发生后，为及时控制危险源，避免或减少危险化学品事故对国家和人民生命财产造成的损失和危害而采取的措施。

应急处置的主要内容如下。

（1）切断（控制）中毒事故源。组织抢险人员切断突发中毒事故源，如关闭阀门、堵封漏洞等。

（2）控制污染区。通过检测确定污染区边界，做出明显标志，制止人员和车辆进入，对周围交通实行管制。

（3）抢救中毒及受伤人员。将中毒人员撤离至安全区，送至医院紧急治疗。

（4）检测确定有毒有害化学物质的性质及危害程度。掌握毒物扩散情况。

（5）组织受染区居民防护或撤离。指导受染区居民进行自我防护，必要时组织群众撤离。

（6）对受染区实施洗消。根据有毒有害化学物质理化性质和受染情况实施洗消。

（7）寻找并处理各处的动物尸体，防止腐烂污染环境。

（8）做好通信、物资、气象、交通、防护保障。

（9）抢救小组所有人员都应根据毒情穿戴相应的防护严守防护纪律。

（10）危害评估。

（11）中毒危害的法律咨询。

（12）与医疗卫生问题相关的公共信息。

（13）中毒公共事件快速反应队。

（14）流行病学调查与长期随访。

（15）准确鉴定危害与监测残余危险。

（16）有效减低危害。

（17）消除污染和净化环境。

（18）药品供应。

（19）中毒人员登记、暴露人员急性和慢性反应登记。

（20）供给和装备。

（21）工作人员的卫生和安全。

（22）精神卫生。

（23）病理学检查等。

应急处置与医学救援的方针：贯彻积极兼容、防救结合、以救为主。基本原则是：预先准备，快速反应，立体救护，建立体系；统一指挥，密切协同；集中力量，保障重点；科学救治，技术救援。

◎ 建筑物坍塌事故现场如何应急处置

1. 建筑物抢险救援的基本程序

（1）迅速建立现场临时指挥机构。倒塌发生后，接警出动到达现场的最高指挥员应迅速建立临时指挥机构，及时了解和掌握现场的整体情况，并向上级报告，请求增援力量；同时，根据现场实际情况，拟定倒塌救援实施方案，进行战斗编组，分划救援区域和任务，实施现场的统一指挥和管理。

（2）现场询情，设立警戒，疏散人员。及时划定警戒区域，设置警戒线，封锁事故路段的交通，疏散围观群众，严禁无关车辆及人员进入事故现场。"110"和交警维护现场秩序，确保救援通道畅通，立即组织疏散将会倒塌的建筑内部的人员。

侦察的主要工作是对现场基本情况的了解和收集。现场指挥员在派遣搜救小组进入倒塌区域实施被埋压人员搜救之前，必须对如下几个重要问题进行询问和侦察。

①倒塌部位和范围，可能涉及的受害人数。

②可能受害人或现场失踪人在倒塌可能所处的位置。

③受害人存活的可能性。

④展开现场施救需要的人力和物力方面帮助，何时何处能获得这些帮助。

⑤倒塌现场的火情状况。

⑥现场是否有二次倒塌的危险性。

⑦现场是否存在的爆炸危险性。

⑧现场施救过程中潜在的危险性。

一般倒塌现场的情况复杂、多种危险因素共存，在情况不明时匆忙派人，或自发进入施救，可能造成额外的伤亡事故。因此，现场指挥员在建筑物倒塌后，应首先了解坍塌情况，掌握基本情况后，立即制订施救的方案，调遣力量展开施救工作。

（3）切断气、电和自来水水源，并控制火灾或爆炸。建筑物倒塌现场到处会缠绕带电的拉断的电线电缆，随时威胁被埋压人员和即将施救的人员；断裂的燃气管道泄漏的气体既能形成爆炸性气体混合物，又能增强现场火灾的火势；从断裂的供水管道流出的水能很快将地下室或现场低洼处的坍塌空间淹没。此外，这些电、气、水的现场控制开关也都可能被埋压在倒塌的废墟堆里，一时难以实施关断。因此，要及时责令当地的供电、供气、供水部门的检修人员立即赶赴现场，通过关断现场附近的局部总阀或开关，消除这些危险。

同时，使用开花或喷雾水扑灭事故次生的火灾，控制泄漏的可燃气体形成爆炸性气体混合物，消除现场的引火源。

（4）现场清障，开辟进出通道。迅速清理进入现场的通道，在现场附近设有救援人员和车辆集聚空地，确保现场拥有一个急救场所和一条供救援车辆进出的通道。

大型建筑倒塌事故处置是一项非常艰巨的工作，当地的消防部门和其他社会应急救援机构也会接警后赶赴现场。初期对倒塌现场道路的交通秩序管理及整个事故的处置效果起着重要的作用。

倒塌现场道路的管理是为保障和维护现场抢险救援工作正常和有序地展开，所进行的现场力量的调派、部署、协调和秩序的控制与监管。它要求到场的主要力量都能被部署在抢险救援的主要区域，辅助力量要避免占据主要通道，以便后续急需车辆进入。倒塌的规模、围观的人群、迅速集中到场的各种社会救援力量等都易使现场道路的管理变得复杂和困难。到场的各单位指挥员和车辆驾驶员必须听从现场的统一指挥，相互配合，按照总体的部署和任务，及时到位展开行动。

（5）救助倒塌废墟表面被困者。在没有明显的倒塌征兆和疏散时间的情况下，建筑物倒塌可能造成不同程度地埋压众多的人员。在现场侦察完成后，或现场条件和施救力量允许的情况下，在现场侦察的同时应立即展开对倒塌废墟表面上被困人员的救助，使其尽快地脱险。一般情况下，这些被困人员仅是被倒塌物局部地挤压住了，甚至是跌落在倒塌废墟的上部因无逃离途径而被困，因此，救助时提供些相应的帮助就能使其脱险。然而，他们可能因受惊吓而茫然失措，救助时需要正确的指导，避免因盲目行动而再次遭险。

同时，现场指挥员应指派专人负责对这些刚脱离险境的人员进行清点和姓名、单位登记；如果时间和情况允许，还应该细致地询问倒塌前脱险人员所处的部位，以及知道的其他受害人当时所处的部位，以便于估计那些失踪人员可能被埋压的部位和确定后续的搜寻与挖掘工作。对于受伤者，要及时安排运输车辆送院治疗，并做好已送院伤员的记录，避免因疏忽漏记造成后续对已脱险的人员进行不必要的现场搜寻工作。因此，现场施救过程中的人员清点、登记和询问工作必须进行，且要高度重视。

（6）搜寻倒塌废墟内部空隙存活者。建筑物倒塌后，在其废墟内部会存在些空隙或狭小空间，这是受害者可能生还的唯一部位。因此，要尽最大可能地拯救受害者的生命，必须首先及时分析和判断废墟中可能存在的生存空间的部位，并进行生命的探寻。

在倒塌废墟表面受害人被救后，或到场力量充足条件下，在施救的同时，就应该立即实施倒塌废墟内部受害人的搜寻。有火灾的倒塌现场，烟火同样会很快地蔓延到各个生存空间，搜寻人员最好携带一支水枪，以便及时驱烟和灭火。搜寻到了受害者，还应及时提供其空气呼吸，并附带连一根救助引导绳，以便随后的施救工作。

（7）清除局部倒塌物，实施局部挖掘救人。为了探寻和清理直达被埋压者部位的便利通道，以便实施挖掘救人，应有选择地进行局部清道和挖掘工作。它可能涉及压挤在生存空间上倒塌物的搬移、大块楼板或墙体的挖洞、建筑钢筋或梁柱的切割、现场不稳倒塌残物的临时固定等。如果此前对受害者被埋压部位不清，该项工作就会很盲目，且易带来不必要的危险，因为现场废墟上的倒塌物清除都可能触动那些承重的不稳构件，引起现场的二次倒塌。因此，实施这项工作前要制订初步的方案，行动要极其细致谨慎，要尽可能地选派有经验或受过专门训练的人员承担此项工作。

（8）倒塌废墟的全面清理。在确定倒塌现场再无被埋压的生存者后，才允许进行倒塌废墟的全面清理工作。这项工作应在现场指挥员的统一指挥下进行，因为需要社会其他部门的协同配合，需要使用大型工程机械。有时，全面清理工作还得在仍有未找到失踪者的情况下开始，但是，前提是倒塌废墟内部所有可能的生存空间都已搜寻过，并且经过各个生存空间的局部清理和挖掘已确定没有可能的生存者。在现场没有火和烟的条件下，使用搜救犬可有助于这项判断工作，以及生存者被埋压部位的定位。使用搜救犬时，对指定的搜寻区要进行严格的警戒，使人群尽可能远离现场。全面清理工作涉及清理任务和区域的划分、清理的先后次序、挖铲搬移废物临时集中场所的确定、装运拉离现场前的贵重物品和可能失踪者尸体搜寻检查等。

2. 人员搜寻

（1）组织搜寻队伍。派出有经验的精干搜救小组实施现场被埋压人员的搜寻和救助。搜救人员进入现场前必须做好个人的安全防护，携带必备的通信器材、搜救绳索、轻便照明和小型破拆器材。搜救小组有时也有必要多带些备用空气呼吸器具，以备在缺氧空间供被寻找到的被困人员使用。

（2）搜寻方法。救援人员进入倒塌废墟进行搜寻过程中，要注意人们爬动的痕迹及血迹，可能找寻到已经受伤或筋疲力尽的被困者。遇有被埋压人员，要利用生命探测仪或搜寻犬，或采用听、看、敲、喊等方法，寻找和确定被埋压人员的具体位置。

（3）搜救重点。搜救重点应放在被困人员可能的生存空间上。对于建筑物倒塌，构成生存空间的多为楼板、桁梁、墙体等，按其形式主要有四类：单斜式、V形式、多层间夹式和无规则式。

①单斜式生存空间是在楼板或房顶的一侧失去支撑，而另一侧支撑相对完好的情况下形成的。如果有人在倒塌前正处于该楼板下面且靠近未受损的墙体，就可能存活；甚至在楼板上的人只要未受到重物的塌压也可能存活；但位于倒塌墙体附近的人则存活的可能性极小。

②V形式生存空间是由于楼板的中部坍塌而造成的，其坍塌的原因可能是楼板严重超重，或楼板承载状态下又被火烧损，但楼板的两边承重墙和其上部的楼板却没有倒塌。由于坍塌楼板靠承重墙处仍被支撑着，则在其下面可能分别形成两个生存空间。在这种V形式倒塌现场，必须对其存在的这两个生存空间进行搜寻。倒塌时处于该楼板上的人员一般会随着塌落物向楼板中部滑落，并易被挤压；处于该楼板下面中部的人员，在坍塌后存活的可能性极小，而位于靠承重墙的人员则存活的可能性很大。

③多层间夹式生存空间是由于建筑物内部多层楼板水平塌落，因各楼板上原存放的较大且坚实的家具或其他物品起到了支撑楼板的作用，而在坍塌楼板之间形成多个生存空间。倒塌时处于各楼板上的人员能否存活，主要取决于其身边有否可以支撑坍塌楼板重量的物品。

④无规则式生存空间在任何建筑物倒塌现场都可能发现，它是因倒塌物内部各种较大和坚实的构件或物体，在某一部位相互挤靠支撑形成的。搜寻这些空间就比较困难，因为其形成的随机性很大，很大程度取决于原建筑物内部的分隔和家具的分布。

（4）搜救配合。派遣搜救小组时，应注意留有预备人员，以便在搜救小组发现被埋压人员时，有人从现场外围协助运送必要器材和被埋压人员的搬运。搜救预备小组应等候在倒塌危险区域外围的安全区内，配备必要的救生器材和人员搬运器材，一旦需要可立即展开工作，也可作为第一搜救小组的增援队，随时进入倒塌现场参与搜救。

3. 局部清理和挖掘

局部清理和挖掘要有多种方案，打沟道或挖通道接近被困者的部位是一种常用方法。在实施挖通道作业时，因倒塌废墟内部各种建筑构件杂乱、缠绕和相互挤压，必然大量使用各种切割器材和方法，并因倒塌建筑物类型不同而异。例如，手提钻、钢盘锯、喷焰切割器适合于钢筋混凝土或钢结构建筑；链锯适合于大多数木质楼板、屋顶的建筑等。在此阶段必须禁用大型动力破拆或清理机械如推土机、挖掘机等。只要认为现场还可能存在被埋压者，采取手工清理和使用小型切割破拆器材都是必要的，尽管这样做很费时且效率低。

在挖掘到接近被埋压者时，所有的施救工作都应使用手工工具来进行，除非被埋压者已完全露出且无被伤及的可能性。从保护被埋压者安全的角度看，使用无废烟气的工具如电动器具就要比使用汽油驱动的器具好，此外，电动器具易于开关控制，而气动器具的启动和关闭则不便，又有动力噪声。切割时使用无产生火星的工具又比产生火星的工具强，例如，使用往复锯切割钢筋时会飞溅出大量的火星，而气割则无可能伤害被埋压者的飞溅火星。当然，现场使用哪种工具更合适需要受过专门训练的人员来判断，其判断依据应是安全、迅速、现场空间条件允许、可选工具完备等。当发现被埋压人员后，为防止造成二次伤害，可采取救援气垫、方木、角钢等支撑保护，必要时也可用手刨、翻、抬等方法施救。

为保证施救过程安全和顺利地进行，要对现场提供良好的照明。如果现场存在二次倒塌危险，就必须对不稳部位进行支撑加固，或者预先破拆搬移开这些危险的构件。一旦所有的被埋压者已经救出后，即应该结束有选择的局部清理和挖掘工作。结束时，为避免可能的冒险，已用于支撑加固的器材可以不用撤回，因为被支撑加固的物体非常不稳，在撤除支撑时便可能倒塌。

4. 现场的控制和管理

（1）现场车辆的布置。承担现场灭火的救援人员应在第一时间内控制现场火势，但其消防水泵车可布置在现场的外围。一是因为可以利用长距离水带进行供水，无须靠近现场，倒塌建筑前部附近场地需要为举高车辆、抢险救援车辆、医疗车辆的停靠提供空地；二是消防水泵车辆停靠在现场外部，易于寻找到水源以维持不间断地供水。

倒塌后赶到现场的第一、第二辆消防水泵车应从现场外围的不同供水管网各铺设一条供水线路，以便为前方的举高灭火车辆供水。随后到场的第三或第四辆消防水泵车可部署在倒塌建筑背面的相似部位，起到前两辆水泵车的作用。此后再到达的消防水泵车一般不需作供水用，而只使用其战斗员进行施救作业，故可停在离现场较远的位置。

建筑倒塌现场的前沿空地应该先用于停靠举高车辆，最好是那些可遥控的车辆。在倒塌建筑正前沿附近应该部署 1 ~ 2 辆重型抢险救援车辆，以便能及时提供更多的较大型的挖掘、切割、支撑加固器材。那些暂不用的车辆同样应停在远离现场的安全区域。

最先到场的两辆救护车需停靠在现场的附近，以便可及时对救出的受伤者进行伤情判断分类，并实施前期的医疗急救，但停靠位置以不影响现场救援行动为准。现场可设置医疗急救指挥部，并组织现场各个医疗小组的急救工作。前期陆续到场的救护队应根据现场搜救小组的需要，对受害者提供医疗救助；后期到场的救护队则停靠在现场外围的专门医疗急救区，随时接受伤员的转院的运输工作，并注意该现场医疗急救区应保证有畅通的出口。如果现场条件许可，应安排一辆救护车担负现场后方与前方的伤员和医疗器材的传送，或安排有后续到达的救护队人员使用担架前后运送，并留下司机和救护车辆在安全区以便执行伤员的转院输送工作。

重型工程车辆如起重机、铲车、装卸车等尽管开始只能停靠在现场外围，但也得保证现场留有其进入前沿的通道，以便急需时调入使用。现场指挥员必须明白现场适于消防车辆通行的道路不一定其宽度适于重型工程车辆通行，因此，应注意避免前期到场的车辆停靠不到位而使通道变窄，甚至严重占道的现象，尤其那些暂无派场的车辆。在现场的附近应备有两辆重型工程车辆，以用作应急清道，特别是对倒塌物或因倒塌损坏的车辆的清理。

（2）现场秩序的维护。在倒塌现场，公安干警维护正常的秩序非常重要。他们的主要职责是设置现场的警戒线，保证现场的交通秩序和道路畅通。特别是前期对围观人群的控制和管理、离现场远端的交通疏导，以及作为进出现场的几条主要街道的交通控制。对于大型事故现场，在周围道路上要禁止任何非救助车辆的行驶，这有助于避免因振动引发现场的二次倒塌。在爆炸现场，设置警戒区也有助于保护现场残存的证据。

（3）现场抢救工作的组织。在倒塌现场的施救中，施救人员因长时间和高强度工作容易疲劳但仍忘我地坚持在一线，就极易因疲劳作业出现不必要的失误，造成施救者甚至被困者的伤亡。现场指挥员在此阶段要严格担负起整个施救工作的组织和监管任务，及时了解各种潜在的危险，掌握施救的进度、施救者的工作和身体状况，安排和布置必要的轮班和协同人员的支持行动，并保持与各个行动小组的联系和险情的通报。倒塌事故的抢险救援，显然需要参与救援的各个部门或单位在现场统一指挥下协同配合，才能顺利进行，也只有这样才能迅速、安全地实施救援工作、最大限度地增强整体的救援效果。参与救援的各部门和单位必须懂得其救援行动是整个救援活动的一部分，相互协同配合、充分发挥各自的特长是极其重要的。

◎ 人员密集场所事故如何应急处置

人员密集场所发生事故后容易造成群死群伤，后果会非常严重，因此科学应对人员密集场所发生的各种事故尤为重要。

1.事故现场的紧急处理原则

（1）遇到伤害事故发生时，不要惊慌失措，要保持镇静，并设法维持好现场的秩序。

（2）在周围环境不危及生命的条件下，一般不要随便搬动伤员。

（3）暂不要给伤员喝任何饮料和进食。

（4）如发生意外而现场无人时，应向周围大声呼救，请求来人帮助或设法联系有关部门，不要单独留下伤员而无人照管。

（5）遇到严重事故、灾害或中毒时，除急救呼叫外，还应立即向当地政府安全生产主管部门及卫生、防疫、公安等有关部门报告，报告现场在什么地方、伤员有多少、伤情如何、做过什么处理等。

（6）伤员较多时，根据伤情对伤员分类抢救，处理的原则是先重后轻、先急后缓、先近后远。

（7）对呼吸困难、窒息和心跳停止的伤员，立即将伤员头部置于后仰位，托起下颌，使呼吸道畅通，同时施行人工呼吸、胸外心脏按压等复苏操作，原地抢救。

（8）对伤情稳定、估计转运途中不会加重伤情的伤员，迅速组织人力，利用各种交通工具分别转运到附近的医疗机构急救。

（9）现场抢救的一切行动必须服从有关领导的统一指挥，不可各自为政。

2. 人员密集场所紧急疏散方法

（1）广播指导疏散法。当公众聚集场所发生火灾时，要及时利用火灾事故广播系统指导人们疏散。通过明确发布疏散信息，讲清起火位置、范围、火势大小，指明疏散出入口通道位置、安全区、危险区等情况，让人们保持冷静，有秩序地及时疏散。发布的疏散通道，应选择那些人员通过流量大、安全可靠的疏散设施，以防被烟火堵住发生人员伤亡。

（2）协助组织疏散法。消防队到场后，场所正在组织疏散场内人员，尚有部分被困人员未疏散时，消防队应及时组织力量，参与到疏散被困人员之中，与场所领导或负责人共同组织指挥疏散工作。如果疏散工作任务很大，应及时开辟新的疏散通道，采取内攻和外攻相结合的方法，尽快疏散出被困人员。

（3）内部引导疏散法。消防队到场后，场所没有组织疏散人员，此时建筑内疏散通道、安全出口尚未被烟火封锁，消防员要抓住有利时机，迅速派出若干疏散小组，深入建筑内部采取引导疏散的方法，引导被困人员通过疏散通道或安全出口，及时逃离危险区域安全逃生。引导疏散时，应按先着火层，后着火层的上层，最后着火层的下层；先行动不便者和老弱病残、儿童，后行动便利者和青壮年的顺序进行有序疏散，避免被疏散人员发生拥挤，争抢逃生通道而导致事故。

（4）直接疏散法。所谓直接疏散法，是指将被困人员直接疏散到室外的安全地方。在组织疏散人员时，如果条件允许，最好选择直接疏散法，这样一次性将被困人员疏散到最安全的地方，不需要再次组织力量疏散转移，既确保被疏散人员的安全，又节省大量的灭火救援力量，为灭火争取时间，此法在疏散被困人员时应首选。

（5）转移疏散法。所谓转移疏散法，是指由于疏散通道或安全出口被烟火封锁，将被困人员先疏散到附近的安全地带临时避险，等待时机再转移疏散到室外的安全地方。因为现场条件不允许，如果采取直接疏散法，烟气可能会对被疏散人员的人身安全造成威胁，因而应采取转移疏散法，变直接疏散为间接疏散，以确保被疏散人员的安全。

三、企业危险重点岗位应急管理

◎ 如何制订重点危险岗位现场处置方案

《安全生产事故应急预案管理办法》中明确规定，对于危险性较大的重点岗位，生产经营单位应当制订重点工作岗位的现场处理方案。所以，企业要做好这方面的工作。

1. 重点危险岗位现场处置方案的主要内容

（1）危险性分析。

①可能发生的事故类型。

②事故发生的区域、地点或装置的名称。

③事故可能发生的季节和造成的危害程度。

④事故前可能出现的征兆。

（2）应急组织与职责。

①基层单位应急自救组织形式及人员构成情况。

②应急自救组织机构、人员的具体职责，应同单位或车间班组人员的工作职责紧密结合，明确相关岗位和人员的应急工作职责。

（3）应急处置。

①事故应急处置程序根据可能发生的事故类别及现场情况。明确事故报警、各项应急措施启动、应急救护人员的引导、事故扩大及同企业应急预案的衔接程序。

②现场应急处置措施针对可能发生的火灾、爆炸、危险化学品泄漏、坍塌、水患、机动车辆伤害等，从操作设施、工艺流程、现场处置、事故控制，人员救护、消防、现场恢复等方面制订明确的应急处置措施。

③报警电话及上级管理部门、相关应急救援单位联络方式和联系人员，事故报告基本要求和内容。

（4）注意事项。

①佩戴个人防护器具方面的注意事项。

②使用抢险救援器材方面的注意事项。

③采取救援对策或措施方面的注意事项。

④现场自救和互救时注意事项。

⑤现场应急处置能力的确认和人员安全防护等事项。

⑥应急救援结束后的注意事项。

⑦其他需要特别警示的事项。

2.现场处置方案编制

（1）现场处置方案编制程序。现场处置方案通常包括危险性分析、可能发生的事故特征、应急处置程序、应急处置要点和注意事项等内容。其编制流程如图9-2所示。

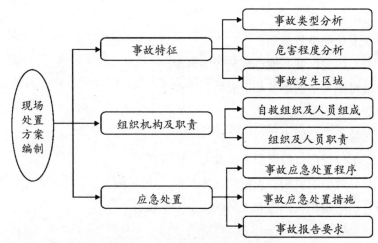

图9-2 现场处置方案编制程序图

（2）现场处置方案编制要求。企业应组织基层单位或部门针对特定的具体场所、设备设施、岗位，在详细分析现场风险和危险源的基础上，针对典型的突发事件类型（如设备事故、火灾事故等），制订相应的现场处置方案。

◎ 如何编制重点危险岗位安全应急卡

企业危险、重点岗位"应急卡"又称"岗位安全应急卡"。"岗位安全应急卡"在企业生产过程中对岗位安全有着至关重要的作用。

1.岗位安全应急卡的作用

"岗位安全应急卡"是指企业通过风险评估、危险因素的排查确定危险岗位，针对性地制订各种可能发生事故的应急措施，进行编制具有应急指导作用的简要文书。

"岗位安全应急卡"具有简明、易懂、实用的特征，避免了应急救援预案的篇幅冗长、内容复杂的缺点，易于被员工所掌握，可以使危险岗位的第一线员工在较短的时间内实实在在地提升应急救援技能，强化员工应对突发事故和风险的能力，有效防止危险岗位突发事故造成的人员伤亡和财产损失，保障企业安全生产。

事故发生后，最有效的救援是在事故初始阶段的正确处置，把事故消灭或控制在萌芽状态，防止事故扩大，对控制或减少事故造成的人员伤亡和财产损失起关键性的作用。而能够对突发事故，快捷而有效地进行处置的往往是位于生产第一线的员工，他们是应急救援最直接、最基础的力量。"岗位安全应急卡"直接面向生产第一线岗位的员工，它的实施有力地夯实了事故应急救援的基础。

"岗位安全应急卡"是对各种风险的防范和处置，它在企业的实施可以强化员工的风险意识，时刻绷紧安全弦，增强其安全责任感和使命感，有利于提高员工的安全意识，浓厚企业安全氛围，营造企业安全文化。

2.岗位安全应急卡制作原则

"岗位安全应急卡"是应急救援预案的简化，它简明、易懂、实用的特点对应急救援的快速反应起到科学指导的作用。"岗位安全应急卡"制作应遵循以下原则。

（1）企业为主原则。以企业为安全生产的主体，也是初期应急的力量。企业既是制订"岗位安全应急卡"的主体，也是实施"岗位安全应急卡"的主体。因此，推行"岗位安全应急卡"必须发挥企业的主观能动性，由企业具体实施，安监部门进行指导和服务，督促企业真正地贯彻落实。

（2）简明、易懂、实用原则。高危行业的应急救援预案内容复杂，生产一线的员工往往难以全面系统掌握。所以制订的"岗位安全应急卡"要通俗易懂，内容简明，要"卡片化"，要实用，注重实效，有很强的针对性和可操作性，要明确可能发生事故的具体应对措施，着重解决事故发生时生产一线员工"怎么做、做什么、何时做、谁去做"的问题，使员工能及时正确地处置事故，报告事故情况。

（3）相互衔接原则。"岗位安全应急卡"是企业安全生产应急预案的简化，它的内容必须与企业内部的各级预案中的相关部分一致，制订时不得脱离预案，要能与预案内容和救援程序衔接，与该岗位的操作规程相呼应。

（4）重点突出原则。制订"岗位安全应急卡"时要突出重点，在危险性较大的重点岗位必须实施，突出实施的目的性，强化员工对危险岗位的风险因素的认识，掌握应急措施，从而达到实施的目的。

（5）不断完善原则。根据企业危险物质、生产工艺、应急设备的变化动态，不断修改"岗位安全应急卡"。充分发挥企业员工的主观能动性，听取他们的意见和建议，在实践过程中不断完善，共同提高应急管理水平。

3.岗位安全应急卡范例

"岗位安全应急卡"可根据企业自身的实际情况制作，模式多种多样，原则上应简明扼要地叙述清楚岗位应处置的关键事项。下面提供两种"岗位安全应急卡"范例供企业借鉴（表9-1、表9-2）。

表9-1 岗位安全应急卡（范例一）

适用对象：罐区岗位操作工
危险目标：重油槽罐
执行依据：公司《危险化学品事故应急救援预案》
事故预测：储罐液柱超限；槽车、储罐阀门泄漏；管道破裂泄漏；误操作泄漏
健康危害：对皮肤和黏膜有刺激作用。也可有轻度麻醉作用。皮肤大量接触后，个别人可能发生肾脏损害。皮肤接触后可发生接触性皮炎，表现为红斑、水疱、丘疹
应急常识： 1.掌握风向：观察风向旗，注意上风向撤离路线和地点 2.及时报告：发生异常情况，立即报告公司主管 3.应急联络：110，119，120 4.泄漏确认：重油为黑褐色液体或黏稠液，有焦油或原油味 5.清点人员：到达撤离现场后，要相互清点人数

现场处置通则：

自身防护：关闭手机,微量泄露时穿戴好防毒面具（紧急情况下用干毛巾捂住口鼻）和防护手套，大量泄漏时穿戴好正压式空气呼吸器，进入现场必须2人以上

处 置：根据泄漏量的大小和严重程度，分别按以下处置程序进行

一般事故处置程序：

1.至重油槽罐车尾部关闭卸料阀门（槽车卸料情况）

2.关闭正在工作的打料泵上的关闭按缸（缸色）

3.至重油储槽处关闭进出口阀门

4.查找泄漏源，关闭泄漏点所在管线前后阀门，打开备用管线阀门

5.阀门无法关闭的情况下，用干布、木塞等进行堵漏，并用环保应急桶收集

6.关闭围堰周围的雨水井阀门，同时用对讲机进行报告

7.打开应急水阀门，喷水雾减少蒸发，燃烧

8.将污染的废物运送至固体废弃物处置中心进行处理

9.降低生产负荷，公司局部停车，抢险人员进入泄漏点进行堵漏处理

重大事故处置程序：

1.立即报告部门主管，部门主管报告公司领导，公司领导报告市安监局、消防等相关职能部门，启动应急救援预案，并通知周边社区

2.经现场确认，现场人员无法堵漏，可能产生重大事故的预兆，应根据公司应急救援预案的要求，无关人员撤离现场，应急小分队人员听从上级领导的统一抢险调度

制定人：　　　　审核人：　　　　　时间：

表9-2　岗位安全应急卡（范例二）

岗位名称	车间	岗位	危险工艺名	
涉及危化品名称				
工艺参数	反应温度：×～×× 　　　滴加速度：×L/min 保温（降温）措施……	压力：常压 反应时间：××h	回流温度：70℃	

岗位名称	车间	岗位	危险工艺名		
作业场所涉危险物质	火灾可能产生有害物质	危险特性	禁忌物质	可能导致的不良后果	针对性个体防护器具	
					名称	储物点
岗位作业人员可实施的紧急避险行动						
异常紧急状况先期症状	应急处置的禁忌事项	安全、正确、可行、有效的具体应急处置作业动作、顺序	应急处置作业时间长度	必须紧急撤离的事故前症状
温度异常				
压力异常				
突然停水				
突然停电				
搅拌故障				
反应失控				
泄漏或冲料				
其他情况				
应急联系方式				
厂内	主要联系人	技术负责人/生产控制中心	车间主任
公共	报警电话	火警电话	急救电话
	110	119	120

制定人：　　　　　审核人：　　　　　时间：

参 考 文 献

[1] 杨剑，张艳旗．优秀班组长安全管理培训 [M]．北京：中国纺织出版社，2017．

[2] 杨剑．优秀班组长工作手册 [M]．北京：中国纺织出版社，2012．

[3] 王生平．优秀班组长安全管理手册 [M]．广州：广东经济出版社，2013．

[4] 黄杰．图解安全管理一本通 [M]．北京：中国经济出版社，2011．

[5] 安维洲．工厂安全生产管理 [M]．北京：中国时代经济出版社，2008．

[6] 李宗坪．优秀班组长安全管理手册 [M]．北京：中国时代经济出版社，2008．

[7] 聂兴信．企业安全生产管理指导手册 [M]．北京：中国工人出版社，2010．

[8] 李运华．安全生产事故隐患排查实用手册 [M]．北京：化学工业出版社，2012．

[9] 杨剑．班组长实用管理手册 [M]．广州：广东经济出版社，2013．

[10] 国家安全生产管理总局宣传教育中心．安全生产应急管理人员培训教材 [M]．北京：团结出版社，2012．

[11] 武文．危险作业安全技术与管理 [M]．北京：气象出版社，2007．

[12] 袁昌明．安全管理 [M]．北京：中国计量出版社，2009．

[13] 付立红．生命安全：员工安全意识培训手册 [M]．北京：经济管理出版社，2012．

[14] 朱亚威．安全生产管理知识 [M]．北京：气象出版社，2012．

[15] 杨吉华．安全管理简单讲 [M]．广州：广东经济出版社，2012．

[16] 杨吉华．图说工厂安全管理 [M]．北京：人民邮电出版社，2014．

[17] 王延臣．现代班组长安全管理 [M]．北京：中国铁道出版社，2015．